冰川保护措施研究与应用

王飞腾　尤晓妮　谢宜达　李忠勤　黄仕海　编著

甘肃省科技重大专项计划(22ZD6FA005、23ZDFA017)
第三次新疆综合科学考察(2022xjkk0802)
资助出版

科　学　出　版　社

北　京

内 容 简 介

本书全面探讨冰川保护的理论基础、技术措施及实际案例，介绍冰川保护领域的研究与应用成果。在介绍冰川变化现状及其对自然灾害、水文资源、生态系统和人类活动深远影响的基础上，突出冰川退缩对全球生态平衡与社会发展的威胁，详细阐述多种保护措施，如人工覆盖、人工增雪、节能减排、地球工程等，从理论原理到技术实施方面提供系统分析和实践指导，尤其对天山乌鲁木齐河源 1 号冰川和四川达古冰川的人工覆盖减融试验、人工增雪补冰试验进行详细解析，结合气象、物质平衡与反射率等多维度观测数据，评估保护措施的实际效果与改进空间。此外，探讨创新性保护方案，包括冰盖工程、反射率控制和人工冰库建设，为未来冰川保护提供新思路。

本书内容丰富，理论与实践并重，适合地理学、生态学、气候变化和环境保护相关专业的科研人员、高校师生及关注可持续发展的相关从业者参考。

图书在版编目（CIP）数据

冰川保护措施研究与应用 / 王飞腾等编著. -- 北京 ： 科学出版社, 2025. 6. -- ISBN 978-7-03-081794-5

Ⅰ. P931.4

中国国家版本馆 CIP 数据核字第 2025HD9251 号

责任编辑：祝　洁　汤宇晨 / 责任校对：高辰雷
责任印制：徐晓晨 / 封面设计：陈　敬

科 学 出 版 社 出版
北京东黄城根北街 16 号
邮政编码：100717
http://www.sciencep.com

北京中科印刷有限公司印刷
科学出版社发行　各地新华书店经销

*

2025 年 6 月第 一 版　开本：720×1000　1/16
2025 年 6 月第一次印刷　印张：7 3/4
字数：156 000

定价：118.00 元

（如有印装质量问题，我社负责调换）

　　冰川不仅是地球气候系统的敏感指示剂，而且是地球最主要的淡水资源。在气候变暖的背景下，全球范围内的冰川正在急剧消融和退缩，引发了全社会对淡水资源供应、海平面上升和生态系统变化等问题日益紧迫的关注。冰川的变化与保护已成为当今环境领域中备受瞩目的话题。

　　为了有效应对气候变暖背景下冰川变化带来的威胁，本书深入剖析冰川变化与保护的科学机制，介绍冰川对地球气候系统的深远影响及人类社会应对这一变化采取的各种冰川保护科学方法，获得许多有价值的实践经验，包括减缓冰川融化的工程手段、模拟试验等多个方面的内容。希望通过汇聚学术界的研究成果和实践经验，为冰川保护提供全面、可行的解决方案，为读者提供多个深入思考的视角，以更好地知悉冰川现状及冰川保护的可行路径。

　　全书共 7 章，对冰川保护措施和应用研究进行较为系统的论述。第 1 章为绪论，较为系统地阐述冰川变化的原因、冰川保护主要工程措施等，由王飞腾和尤晓妮编写；第 2 章为冰川变化及其影响，主要阐述全球冰川和我国冰川变化的特点及未来趋势，并阐明冰川变化对经济、环境、社会等方面的影响，由尤晓妮、白昌彬和杨淑静编写；第 3 章为冰川保护的措施，综合介绍减缓全球变暖的主要工程措施及冰川保护地球工程的有关内容，由王飞腾和谢宜达编写；第 4 章为人工覆盖减缓冰川消融试验，梳理我国基于人工覆盖法开展的冰川保护试验研究，整理试验内容及过程，由李忠勤和刘爽爽编写；第 5 章为人工增雪保护冰川的典型案例，梳理我国采用人工增雪法保护冰川的试验研究，整理试验内容及过程，由谢宜达和王飞腾编写；第 6 章为其他冰川保护措施，由金香和张伏编写；第 7 章为冰川保护的展望，对未来进行人工干预减缓冰川消融提出一定的建议，由王飞腾和黄仕海编写。

　　冰川的变化是一个复杂的、全球性的问题，需要全球性的合作。期待本书能够引起公众对冰川领域更广泛的关注，为读者提供启示，激发更多的研究者和决策者投身冰川研究和保护的伟大事业中。愿我们共同努力，保护珍贵而脆弱的冰川，为子孙后代留下一个更加宜居的地球。

目　录

前言

第1章　绪论 ··· 1

　1.1　冰川变化概述 ··· 1

　1.2　冰川保护概述 ··· 5

　　　1.2.1　减缓全球变暖 ··· 5

　　　1.2.2　减缓冰川融化 ·· 10

　参考文献 ··· 13

第2章　冰川变化及其影响 ··· 15

　2.1　冰川分布与变化 ·· 15

　　　2.1.1　全球冰川分布及其变化 ·· 15

　　　2.1.2　我国冰川分布及其变化 ·· 18

　2.2　冰川变化的影响 ·· 21

　　　2.2.1　对自然灾害的影响 ·· 21

　　　2.2.2　对水文水资源的影响 ·· 24

　　　2.2.3　对生态系统的影响 ·· 26

　　　2.2.4　对人类生计和社会文化功能的影响 ······································ 26

　　　2.2.5　对社会文娱活动的影响 ·· 27

　参考文献 ··· 29

第3章　冰川保护的措施 ··· 31

　3.1　减缓全球变暖的工程措施 ·· 31

　　　3.1.1　节能减排 ··· 31

　　　3.1.2　地球工程 ··· 36

　3.2　冰川保护地球工程 ·· 44

　　　3.2.1　人工覆盖法 ··· 44

　　　3.2.2　人工增雪补冰法 ··· 50

　　　3.2.3　其他措施 ··· 54

　参考文献 ··· 57

第4章　人工覆盖减缓冰川消融试验 ·· 60

　4.1　天山乌鲁木齐河源1号冰川 ·· 60

　　　4.1.1　试验区概况 ·· 60

　　　4.1.2　试验设计及结果分析 ·· 63

　　　4.1.3　数据分析 ·· 72

　4.2　四川达古冰川 ·· 76

　　　4.2.1　试验区概况 ·· 76

　　　4.2.2　试验设计及结果分析 ·· 78

　参考文献 ·· 87

第 5 章　人工增雪保护冰川典型案例 ·· 90

　5.1　人工增雪试验区域概况 ·· 90

　5.2　试验设计和结果 ·· 93

　　　5.2.1　人工增雪 ·· 93

　　　5.2.2　气象观测 ·· 94

　　　5.2.3　物质平衡观测 ·· 94

　　　5.2.4　反照率观测 ·· 97

　5.3　结果分析 ·· 99

　　　5.3.1　自然降雪对人工增雪的响应 ·· 99

　　　5.3.2　人工增雪对冰川反照率的影响 ··· 102

　　　5.3.3　冰川物质平衡对人工增雪的响应 ······································· 105

　　　5.3.4　试验总结 ·· 107

　参考文献 ·· 108

第 6 章　其他冰川保护措施 ·· 110

　6.1　冰盖地球工程方案 ·· 110

　6.2　极地局部地表反照率控制方案 ··· 111

　6.3　平流层硫酸盐气溶胶注入方案 ··· 113

　6.4　修建人工冰库储存冰川水资源 ··· 113

　参考文献 ·· 115

第 7 章　冰川保护的展望 ·· 117

第 1 章

绪　论

　　自然界中的冰川对全球变暖特别敏感。受气候变暖影响，全球冰川加速融化，对周边河流径流、人均水资源量等产生了深远影响。因此，控制温升、节能减排、积极应对气候变化，已是全球共识。国内外采取了一系列政策和措施，尽最大努力控制温室气体排放，在应对气候变化能力方面取得了明显成效。除此之外，一些科学家提议采取一些人为方式干预气候系统，主动为冰川降温。

1.1　冰川变化概述

　　冰川是地球上由降雪和其他固态降水积累、演化形成的处于流动状态的冰体，被称为"固体水库"，储存全球约 75%的淡水。气候变暖导致全球冰川加速消融萎缩。联合国政府间气候变化专门委员会(Intergovernmental Panel on Climate Change，IPCC)第六次评估报告《综合报告》指出，一个多世纪以来，化石燃料燃烧以及不平等且不可持续的能源和土地使用方式，导致 2020 年前后全球气温已比工业化前水平高出 1.1℃(IPCC，2023)。1850～2023 年全球平均气温距平见图 1.1。在此背景下，2006～2015 年，全球山地冰川物质平衡达到(−490±100)kg·m^{-2}·a^{-1}(每年每平方米损失的水量)，每年冰川总的物质损失量为(123±24)Gt，该负平衡较 1986～2005 年增加了约 30%(康世昌等，2020)。相比 2015 年，预计到 2100 年，冰川质量将减少26%±6%(+1.5℃)～41%±11%(+4℃)。历史数据显示，20 世纪 60 年代到 80 年代中期，天山乌鲁木齐河源 1 号冰川的物质平衡有正有负，变化相对平稳(图 1.2)。直到 1993 年，1 号冰川消融后分割成东、西两支。90 年代中期以后，消融更加明显。1996～1997 年，1 号冰川加速消融，物质平衡出现更大负值，以每年 5～7m 的速度退缩，平均每年厚度减薄约 40cm，主要在夏季消融(图 1.3)。20 世纪 80 年代以来，全国冰川平均退缩了 18%，已经消失了约 8310 条。持续的冰川融化将改变季节性水循环，增加自然灾害，导致海平面上升，甚至导致未来水资源长期短缺，使现有的水资源管理和防灾对策措施面临巨大挑战，因此这一问题引起了世界各国的高度关注。2022 年 12 月，联合国大会正式通过决议，确定 2025 年为国际冰川保护年，号召各国在各层面采取行动，提高人们关于冰川和冰雪对气候系统和水循环重要性的认识。

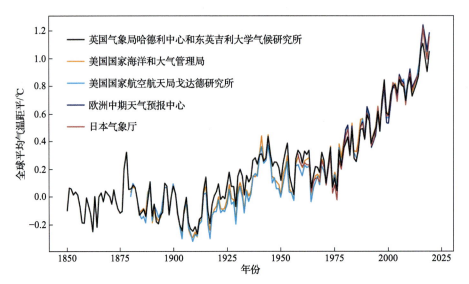

图 1.1   1850~2023 年全球平均气温距平(相对 1850~1900 年平均值)(中国气象局气候变化中心，2024)

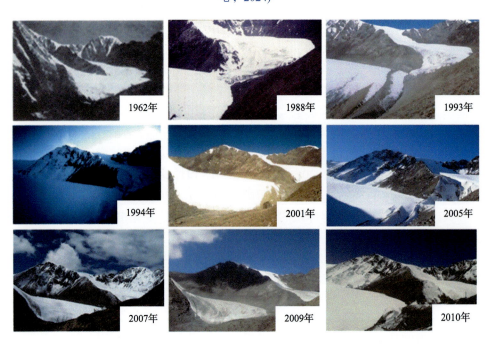

2012年　　　　　　　　　2016年　　　　　　　　　2022年

图 1.2　1962～2022 年天山乌鲁木齐河源 1 号冰川变化

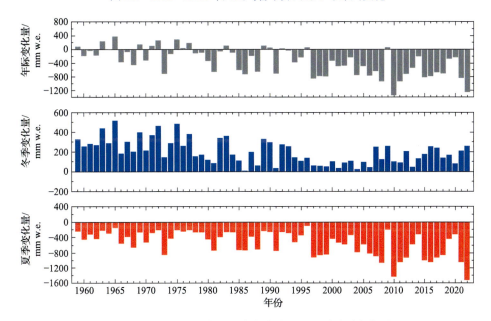

图 1.3　1959～2022 年天山乌鲁木齐河源 1 号冰川变化量

mm w.e.为冰川学计量单位，英文全称是 water equivalent of snow 或 snow water equivalent，即雪水当量，指积雪完全融化后得到的水形成水层的垂直深度

　　全球气温升高，一方面促使冰川正积温增大、冰体温度升高、冰川冷储减少等(李忠勤，2019)；另一方面雪线上移，消融区面积增加，冰川反照率减小，进一步推动消融过程，导致冰川破碎化现象严重。以下是冰川变化主要原因的详细介绍。

1. 冰川正积温增大

　　冰川正积温升高源于全球气温升高，冰川年际内高于消融点的逐日日平均气温总和逐渐增加。气温升高导致降雪量占总降水量的比例大幅下降，进而减少冰面物质积累，破坏积雪冻结成冰和冰川消融之间的平衡，以相变能量变化主导物质与能量循环发生改变，促使冰量总体处于亏损状态，导致冰川平衡线向上推移、冰川厚度减薄及冰川退缩。乌鲁木齐河源 1 号冰川 1959～2023 年物质平衡与年正积温呈负线性相关,表明正积温增大是冰川加速消融的关键影响因素。

2. 冰体温度升高

根据物质/能量平衡原理,随着气候变暖,消融期用来将冰面加热到 0℃的能量逐渐减少,用于冰川消融的能量增加。同时,较高的冰体温度大幅减缓冰面雪的积累及冰面融水的再冻结过程。事实上,冰体温度高的冰川对气候变化的响应较冰体温度低的冰川更敏感。冰体温度升高,其对气候变化的敏感性增加,同样的气温升高幅度会引起更多的物质损失。因此,冰体温度升高在冰川加速消融过程中扮演着重要角色,是气温升高的累积效应。

3. 冰川反照率减小

冰川消融的主要能量来源是太阳的短波辐射,因此冰川表面的反照率很大程度上决定了冰川消融的能量。温度升高,雪线上升,使消融区面积逐渐增大,冰川反照率逐渐减小,冰川表面短波辐射吸收增强,进而加速冰川消融。冰川反照率减小的另一个重要原因是黑碳、冰尘矿物、粉尘等吸光性杂质富集。通过显微镜和有机质检测分析发现,冰尘中含有高浓度的有机物质和冰藻,这些深颜色的生物有机质在升温环境下能够快速生长,大量繁殖,从而降低冰川反照率。冰川消融加剧,冰川内的矿物粉尘大量析出并聚集,也对减小反照率起到促进作用,冰川反照率减小加剧了冰川消融和物质损失(图 1.4)。

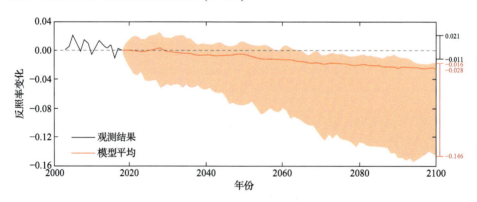

图 1.4   青藏高原反照率变化(Tang et al.,2023)

综合分析表明,以上因素适用于解释全球大多数冰川的加速消融退缩。简而言之,一是消融期气温升高,减少了冰川表面的物质积累,直接造成冰川消融量增加,当气温上升到一定程度后,固态降水比例下降,使得冰川物质进一步损失;二是冰川冰体温度上升减少了加热冰川表面温度达到消融点所需的热量和再冻结下渗水量,提高了冰川对气候变暖的敏感性(李忠勤,2019)。

1.2　冰川保护概述　◀◀◀

冰川加速消融主要有两方面原因：一方面是气候变暖，这是最主要的原因，气候变暖导致冰川区温度升高，热量向冰体内部移动，冰体加速融化；另一方面是温度升高，雪线升高，消融区面积增大，导致冰川整体反照率减小，吸收了更多的太阳辐射。因此，冰川保护工作大多从减缓全球变暖和减缓冰川融化(改变冰川反照率)两个角度开展。

1.2.1　减缓全球变暖

1. 节能减排

气候变化是一项的全球性挑战。应对这一挑战，需要在各个层面进行协调，需要国际合作，各国向低碳经济转型。为应对气候变化及其带来的负面影响，2015年 12 月 12 日，缔约方会议第二十一届会议(第 21 届联合国气候变化大会)在巴黎举行，世界各国领导人取得了重要进展，共同达成了具有历史意义的《巴黎协定》。《巴黎协定》设定了长期目标，引导所有国家：①大幅减少全球温室气体排放，将全球气温保持在比工业化前水平高出 2℃以内，并努力将升温限制在1.5℃之内，大家都认识到，这将大大减少气候变化的风险和影响；②定期评估践行《巴黎协定》的精神和实现长期目标的情况；③向发展中国家提供资金支持，减缓气候变化，加强应对能力，并提高适应气候影响的能力。《巴黎协定》包括对减排和共同努力适应气候变化的承诺，并呼吁各国逐步加强承诺，为发达国家提供了协助发展中国家减缓和适应气候变化的方法，同时建立了透明监测和报告各国气候目标的框架。

欧美国家相继制定实施碳排放交易体系，通过设定碳排放配额和允许企业之间的碳排放交易，减少碳排放；制订了可再生能源目标，要求各成员国提高可再生能源在总能源消费中的比例，以减少对化石能源的依赖；颁布了一系列能效标准和法规，包括能效标签、能效指令等，以及清洁电力计划、清洁电力法案；推广可再生能源发电，支持太阳能、风能等清洁能源的发展，并制定了太阳能投资税收抵免政策等；通过技术改造和管理规范，提高工业生产过程中的能源利用效率，减少工业排放。

在全球应对气候变化的大背景下，我国提出"双碳"目标，既是践行生态文明建设的重要举措，也是推动经济社会高质量发展的选择。实现这一目标需要多领域、多层次的系统性变革，其中的"三路综合"策略被认为是有效路径之一(图 1.5)(于贵瑞等，2022)。这一策略通过能源脱碳、产业减排和生态增汇的协同推进，为"双碳"目标提供了创新解决方案，包括：①推动能源供应与消费端的清洁化转型，促进非碳基能源如太阳能、风能、水能的应用，减少对化石能源的依赖，构建以清洁能源为主的"新型能源供应系统"，并在居民生活、交通运输、工业生产、农业和建筑等主要排放领域，大力推广清洁电力、氢能、地热能等非碳基能源，实现传统化石能源的全面替代；②重点推动钢铁、有色金属、石化、化工、建材等高耗能行业向绿色低碳转型，发展低碳流程工业、绿色建筑材料和低碳交通体系，推动化石资源低碳转化，构建新一代绿色低碳产业体系及生态经济发展模式；③通过生态系统建设、土壤碳固持、碳捕获利用与封存技术等手段，减少或中和人为碳排放，在突破关键颠覆性能源技术之前，实施生态工程是巩固和提升碳汇功能最绿色、经济且大规模的有效途径，且与国家生态文明建设目标高度契合。通过"三路综合"策略的系统推进，我国"双碳"目标将获得技术支撑与战略保障，为实现绿色低碳发展奠定坚实基础。

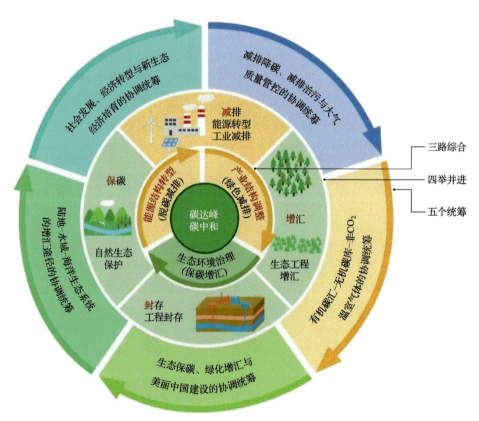

图 1.5　实现"双碳"目标的潜在技术路径和措施(于贵瑞等，2022)

2. 地球工程

在工业和农业中使用节能减排技术来减少化石燃料的燃烧，显然是应对全球气候持续变化的最直接策略。常规的减排方案进程跟不上全球变暖的脚步，控制全球平均气温增幅在 1.5℃ 和 2℃ 以内是一巨大挑战(陈迎，2016)。为了避免气候变化危害越演越烈，全球积极探索和实施新的适应措施来应对气候变化。近年来，科学家提议采取一些人为方式大规模干预气候系统，主动为地球降温，提出了"地球工程"(geoengineering)的概念，作为应对气候变化的"B 计划"(Schneider et al.，2020)。

根据地球工程实施方式的作用机制，可以分为太阳辐射管理(solar radiation modification，SRM)和碳移除(carbon dioxide removal，CDR)两大类(表 1.1)，也分别称为太阳地球工程(solar geoengineering，SG)和碳地球工程(carbon geoengineering，CG)。SRM 是指在不减少大气中二氧化碳含量的情况下通过减少到达地面的太阳辐射来缓解地球升温，基本思路是通过增加行星反照率来减少地球吸收的短波辐射，这种技术可在太空、大气和地球表面实施；碳移除技术致力于降低大气中温室气体的浓度，这种技术具有永久降低全球温度的潜力。地球工程技术分类和具体提案分别如表 1.1 和图 1.6 所示。

表 1.1 地球工程技术的分类

类别	原理	具体技术
太阳辐射管理	减少到达地面的太阳辐射	太空设置反射镜
		在平流层注入硫酸盐气溶胶等颗粒物
		向低层海云喷洒海水微粒使云增白
		将建筑物屋顶涂白
		人为增加农作物的反照率
		在亚热带沙漠地区安装反射镜等
碳移除	直接空气碳捕获与持久储存 土壤碳封存 生物质碳去除和储存	绿化造林和重新造林
		利用生物隔离大气 CO_2
		陆地和海洋风化
		在大气中捕获 CO_2

1992～2023 年，有 74 个国家发表了地球工程方面的研究成果或合作进行地球工程方面的研究。分析地球工程领域发文量排名前 24 位的国家合作网络关系可以发现，美国、中国、英国、德国具有较强的国际合作关系，与其他 20 个国家均

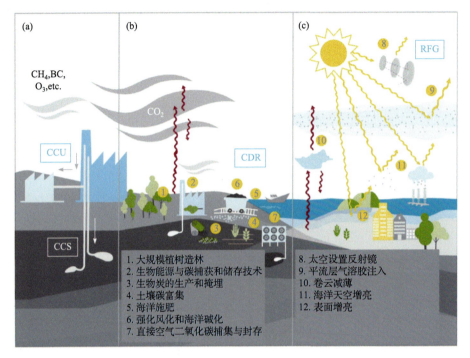

图 1.6 《巴黎协定》温度目标背景下评估气候的地球工程提案(Lawrence et al.，2018)
(a) 碳捕获利用主要技术方法；(b) 碳移除与储存主要技术方法；(c) 太阳辐射强迫地球工程主要技术方法；
CCU 为碳捕获与利用(carbon capture use)；CCS 为碳捕获与储存(carbon capture storage)；CDR 为碳移除(carbon
dioxide removal)；RFG 为太阳辐射强迫地球工程

有合作。其中，美国在开展国际合作方面最为积极，发文量排名前 24 位的国家中有 21 个国家与之合作；我国的主要合作对象为欧美国家，如美国、英国、德国、加拿大和法国。

在地球工程研究领域，处于国际领先地位的是欧美国家，相关研究可以追溯到 20 世纪 60~70 年代。1965~2005 年，科研人员提议在地表上空安置反射性材料(气溶胶、反光镜)、采取植树造林等人工手段抵消气候变化的影响(Govindasamy et al.，2002；Teller et al.，2002)，但是在相关领域中所受关注较少。直到 2006 年，Crutzen 关于"平流层注硫"的评论文章使地球工程受到了科学界的广泛关注，但由于对环境具有威胁，他不建议推广该方法(Crutzen，2006)。此后，科学家对地球工程开展了长期、广泛、全面的研究，赋予了它更丰富的内容，加深了人们对地球工程的理解，地球工程的概念趋于成熟。2015 年，《巴黎协定》通过，致力于实现将全球气温上升幅度控制在不高于工业化水平前 2℃ 的水平，并努力将升温控制在 1.5℃ 以内，此举进一步推动了关于地球工程的研究和讨论。通过对地球工程领域论文中的高频关键词进行数据共现与聚类分析，可观察到该领域的研究热点与整体态势。对 2018～2023 年地球工程领域的研究热点进行可视化分析，结果反映了该领域研究的演变过程与发展趋势，如图 1.7 所示，气候变化、模拟、参数、技术等关键词是 2018～2023 年的主要研究热点。相比 20 世纪末热点词汇仅聚焦在 CO_2，随着气候变暖加剧、人类活动影响逐渐加深、对地球工程领域的研究逐渐深入，更多热点问题如地球辐射平衡研究、地球系统模拟研究、地球工程模拟试验研究等越加凸显。

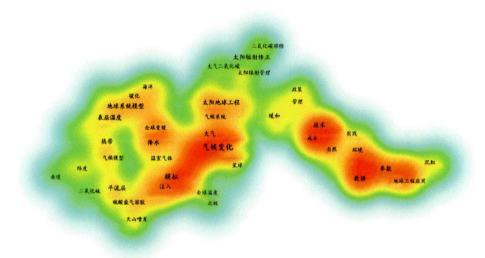

图 1.7　地球工程领域 2018～2023 年的研究热点

地球工程领域的部分学者将地球工程研究聚焦于两极冰盖，明确提出了针对冰盖的定向地球工程研究(Moore et al.，2018)。冰盖地球工程旨在通过减少冰盖融化、增强冰盖稳定性甚至增加冰量来抵消气候变暖的影响。Wolovick 和 Moore(2018)针对维持冰盖稳定性，采用冰川动力学模拟的方法，探讨利用人工山体或人工支撑点进行有针对性的地球工程能否抵御崩塌、减缓消融速率 (Moore et al.，2018；Wolovick and Moore，2018)。模拟结果显示，当工程阻止深层暖水到达冰架前端时，冰架底部停止消融，冰川前端和接地线位置都前进；在建造人工山体或者人工支撑点的情形下，冰川的崩解有望被推迟、减缓甚至逆转。由于考虑的设计在规模上与现有的土木工程项目相当，成功率只有 30%，较大的设计规模对于维持冰盖稳定性更为有效。针对冰盖的地球工程是很复杂的系统研究，包括数值模拟、方案设计、工程试验和政治法律等诸多方面，国际上的研究团队正在开展数值模拟和方案设计的研究，但数值模拟的研究区域十分有限，数值模拟的结果也有待采用不同模式进行对比验证。此外，极地地区的地球工程是一个复杂且有争议的研究领域，任何大规模的实施都需要仔细考虑伦理、环境、经济和技术因素。

1.2.2 减缓冰川融化

冰川消融应对措施主要分为两种：一种基于地球工程措施，针对冰盖这种大型冰体；另一种基于局部干预措施，针对小冰川。以下是有关局部干预措施的简略介绍。

国内外学者已经结合实际情况在山地冰川区具体开展了一些工作，在微观尺度上基于地球工程学原理来减缓冰川消融，验证其在山地冰川区的适用性，为缓解和适应气候变化提供科学实践的依据。早在19世纪40年代初期，著名生物学家和地质学家路易斯·阿加西斯(Louis Agassiz)表示：与其他冰川相比，那些在海拔更高地区的冰川因为表面有大量表碛覆盖，沙层下面的冰融化速率会显著减缓。他只是对这一现象进行了阐述，并没有对其机理及应用进行拓展，毕竟那时全球变暖问题并没有得到大众的广泛关注，冰雪资源利用问题也没有得到重视，直到21世纪初，全球变暖导致的冰川积雪消融才开始成为热点话题。21世纪初以来，阿尔卑斯山冰川滑雪场相关工作人员积极探寻、开发人工减缓冰雪融化的方法。例如，奥地利的冰川滑雪场用人造雪来维持雪道的雪量；瑞士科研人员针对减缓冰川消融，利用计算机模型模拟得到在当时 CO_2 排放情景下人工增雪可减缓瑞士 Morteratsch 冰川 400～500m(长度)的消融萎缩(Oerlemans et al.，2017)。Fischer 等(2016)总结了阿尔卑斯山冰川区及滑雪场十年来的研究结果，他们研究了各种材料(泡沫、锯末、木屑、防水布和土工织物等)和技术的冰雪保存能力。结果表明，在冰川的最上面部分，春季在雪表面铺设土工织物对减缓冰川融化具有显著作用。土工织物具有高反照率，同融化的雪冰表面相比，可以反射更多的太阳短波辐射；土工织物具有良好的热性能，由于湍流热通量较小，减少消融量；土工织物的半渗透特性抑制了水坑的形成，从而减小水坑渗水升温对冰川的影响。

我国已对气候变化做出了积极的响应策略。一些对气候和人类活动特别敏感的山区，在条件许可的情况下，在小区域内对冰川实行封禁保护，控制或禁止人类在冰川区活动。我国冰川学目前大多聚焦于研究冰川变化过程、机理和预估未来变化，针对冰川消融的工程措施方面的研究相对较少。为此，科研人员在我国西部冰川区开启冰川保护试验，主要分布在萨吾尔山木斯岛冰川(图1.8)、天山乌鲁木齐河源1号冰川(图1.9)、青藏高原东部的横断山达古17号冰川(图1.10)和祁连山摆浪河21号冰川(图1.11)等。此处不做赘述，详见第4章和第5章。

图 1.8　萨吾尔山木斯岛冰川人工增雪前的实景

图 1.9　天山乌鲁木齐河源 1 号冰川保护试验

图 1.10   横断山达古 17 号冰川保护试验

图 1.11   祁连山摆浪河 21 号冰川保护试验

国外对冰雪资源的研究保护工作大多始于 20 世纪末，主要在阿尔卑斯山的滑雪场进行试验，开发了覆盖保温材料、造雪等方法，为冰川旅游及高山冰川滑雪场的运营管理提供了一定参考。我国科研人员则聚焦在我国西部地区河流径流量依赖冰川补给的山地冰川，在此背景下研究了人工增雪对冰川的保护效果，而且通过借鉴国外研究经验，人工覆盖不同保温材料，研究了不同保温材料对减缓冰川消融的效用，并评估其推广性。国内外冰川保护工作从科学本质来讲殊途同归，大部分是通过减少到达地面的太阳辐射来减少太阳对冰川的能量输送，以此减少太阳直接辐射和近地层大气湍流交换，从而实施冰川保护(图 1.12)。

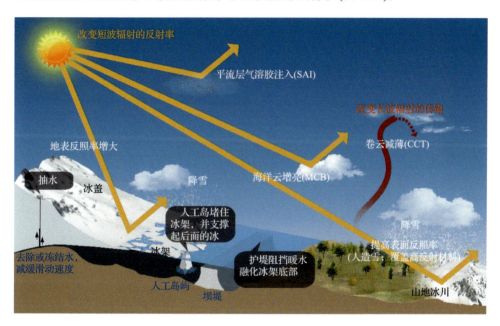

图 1.12   人工保护冰川与冰盖的方法

参 考 文 献

陈迎, 2016. 地球工程的国际争论与治理问题[J]. 国外理论动态, (3): 57-66.

康世昌, 郭万钦, 钟歆玥, 等, 2020. 全球山地冰冻圈变化、影响与适应[J]. 气候变化研究进展, 16(2): 143.

李忠勤, 2019. 山地冰川物质平衡和动力过程模拟[M]. 北京: 科学出版社.

于贵瑞, 郝天象, 朱剑兴, 2022. 中国碳达峰、碳中和行动方略之探讨[J]. 中国科学院院刊, 37(4): 423-434.

中国气象局气候变化中心, 2024. 中国气候变化蓝皮书(2024)[M]. 北京: 科学出版社.

CRUTZEN P J, 2006. Albedo enhancement by stratospheric sulfur injections: A contribution to resolve a policy dilemma?[J]. Climatic Change, 77(3-4): 211.

FISCHER A, HELFRICHT K, STOCKER-WALDHUBER M, 2016. Local reduction of decadal glacier thickness loss through mass balance management in ski resorts[J]. The Cryosphere, 10(6): 2941-2952.

GOVINDASAMY B, THOMPSON S, DUFFY P B, et al., 2002. Impact of geoengineering schemes on the terrestrial biosphere[J]. Geophysical Research Letters, 29(22): 1-4.

IPCC, 2023. Climate Change 2023: Synthesis Report. Contribution of Working Groups Ⅰ, Ⅱ and Ⅱ to the Sixth Assessment Report of the Intergovernmental Panel on Climate Change[R]. Geneva: The Intergovernmental Panel on Climate Change.

LAWRENCE M G, SCHÄFER S, MURI H, et al., 2018. Evaluating climate geoengineering proposals in the context of the Paris Agreement temperature goals[J]. Nature communications, 9(1): 3734.

MOORE J C, GLADSTONE R, ZWINGER T, et al., 2018. Geoengineer polar glaciers to slow sea-level rise[J]. Nature, 555(7696): 303-305.

OERLEMANS J, HAAG M, KELLER F, 2017. Slowing down the retreat of the Morteratsch glacier, Switzerland, by artificially produced summer snow: A feasibility study[J]. Climatic Change, 145(1): 189-203.

SCHNEIDER T, KAUL C M, PRESSEL K G, 2020. Solar geoengineering may not prevent strong warming from direct effects of CO_2 on stratocumulus cloud cover[J]. Proceedings of the National Academy of Sciences, 117(48): 30179-30185.

TANG S, VLUG A, PIAO S, et al., 2023. Regional and tele-connected impacts of the Tibetan Plateau surface darkening[J]. Nature Communications, 14(1): 32.

TELLER E, HYDE T, WOOD L, 2002. Active climate stabilization: Practical physics-based approaches to prevention of climate change[R]. Livermore: Lawrence Livermore National Lab(LLNL).

WOLOVICK M J, MOORE J C, 2018. Stop the flood: Could we use targeted geoengineering to mitigate sea level rise?[J]. The Cryosphere, 12(9): 2955-2967.

第2章

冰川变化及其影响

冰川是气候系统的重要组成部分，其变化可以反映气候变化和环境变化情况，在全球变化研究中具有举足轻重的作用。冰川变化及其影响研究对于冰川保护、环境保护、水资源管理、自然灾害防治及生态环境保护等方面都具有重要的科学指导意义。因此，本章对全球冰川变化及其影响展开分析，及时了解全球冰川变化的发展趋势，深化冰川科学认识，为冰川适应和减缓气候变化影响提供科学依据。

2.1 冰川分布与变化

2.1.1 全球冰川分布及其变化

1. 全球冰川分布

基于 2023 年发布的第 7 版伦道夫冰川编目(Randolph Glacier Inventory，RGI v7.0)资料(http://www.glims.org/RGI/)，全球(不包括南极与格陵兰冰盖)共发育山地冰川 274531 条，总面积达 706744km²，冰川数量等级以面积<1km² 的冰川(83.6%)为主。伦道夫冰川编目根据气候、水文和地形将全球冰川划分为 20 个一级区域。从数量来看，冰川主要集中在亚洲中部(27.6%)、亚洲西南部(13.7%)和南安第斯(11.2%)等区域，发育冰川数量均在 30000 条以上，总计达 143809 条，占全球冰川数量的 52.4%；冰岛冰川数量最少，仅分布 568 条冰川(南极大陆无冰川分布)。冰川面积方面，南极周边岛屿冰川面积最大(18.9%)；其次是加拿大北极北部(14.9%)；新西兰冰川面积最小(0.1%)(表 2.1)。总体而言，北极地区(包括加拿大北极北部和南部、格陵兰岛边缘、斯瓦尔巴群岛和扬马延岛、俄罗斯北极)冰川面积最大(45.5%)，南极周边岛屿次之(18.9%)，亚洲高海拔区(包括亚洲中部、亚洲西南部和亚洲东南部，14.1%)和阿拉斯加(12.3%)再次之(表 2.1)。

表 2.1   一级冰川区冰川数量和面积统计

编号	冰川区	冰川数量/条	冰川数量占比/%	冰川面积/km²	冰川面积占比/%
1	阿拉斯加	27509	10.0	86708	12.3
2	加拿大和美国西部	18730	6.8	14521	2.1
3	加拿大北极北部	5216	1.9	105370	14.9
4	加拿大北极南部	11009	4.0	40538	5.7
5	格陵兰岛边缘	19994	7.3	90482	12.8
6	冰岛	568	0.2	11060	1.5
7	斯瓦尔巴群岛和扬马延岛	1666	0.6	33959	4.8
8	斯堪的纳维亚	3410	1.2	2948	0.4
9	俄罗斯北极	1069	0.4	51595	7.3
10	亚洲北部	7155	2.6	2643	0.4
11	欧洲中部	4079	1.5	2124	0.3
12	高加索和中东	2275	0.8	1407	0.2
13	亚洲中部	75613	27.6	50344	7.1
14	亚洲西南部	37562	13.7	33075	4.7
15	亚洲东南部	18587	6.8	16049	2.3
16	低纬度地区	3695	1.3	1929	0.3
17	南安第斯	30634	11.2	27674	3.9
18	新西兰	3018	1.1	886	0.1
19	南极周边岛屿	2742	1.0	133432	18.9
20	南极大陆	0	0	0	0
	全球	274531	100	706744	100

　　北半球是全球山地冰川分布最多的地方(秦大河，2017)。RGI v7.0 显示，北半球冰川达 234442 条，冰川面积为 542823km²，冰川数量和面积分别占全球山地冰川的 85.40%和 76.81%。高纬度(50°以上)地区冰川数量小于中低纬度地区，但冰川面积大于中低纬度地区。北半球高纬度地区(表 2.1 中编号 1、3、4、5、6、7、8、9、10)分布冰川 77596 条，冰川面积 425303km²；北半球中低纬度地区(表 2.1 中编号 2、11、12、13、14、15)分布冰川 156846 条，多于高纬度地区，但冰川面积 117520km² 小于高纬度地区。南半球高纬度地区(表 2.1 中编号 19)分布冰川 2742 条，冰川面积 133432km²；南半球中低纬度地区(表 2.1 中编号 16、17、18)分布冰

川 37347 条，多于高纬度地区，但冰川面积 30489km^2 小于高纬度地区。

2. 全球冰川变化

1980~2015 年，全球冰川面积退缩速率为 0.18%·a^{-1}，冰川面积变化具有明显的区域差异性。总体而言，位于低纬度地区的冰川面积退缩速率大于位于中纬度地区的冰川，位于高纬度地区的冰川在全球尺度上面积退缩速率最小(李耀军，2020)。

位于热带安第斯山脉地区的冰川面积占低纬度地区冰川总面积的 99%以上。该地区的冰川对于维持区域水资源平衡、农业生产和生态系统平衡具有非常重要的作用(Vergara et al.，2007)。安第斯山脉海拔 2500m 以上的城市在干旱缺水季节极其依赖冰川融水(Bradley et al.，2006)。热带安第斯山脉地区的冰川面积退缩速率为全球最快，达到了 1.6%·a^{-1}。北半球中纬度地区的冰川，包括位于欧洲中部和北美洲西部的冰川也经历着严重的冰川退缩。欧洲冰川面积退缩速率为 1.2%·a^{-1}，阿尔卑斯山脉地区为全球冰川面积退缩速率最快的地区之一。北美洲西部的冰川面积退缩速率为 0.53%·a^{-1}。在南半球，新西兰地区冰川面积退缩速率为 0.69%·a^{-1}。尽管南安第斯山脉地区的冰川面积退缩速率仅为 0.18%·a^{-1}，但除世界第三大冰体巴塔哥尼亚冰原，其余子流域的冰川面积退缩速率都超过了 0.5%·a^{-1}。南北半球高纬度地区，尤其是两极区域的冰川面积退缩速率最慢(李耀军，2020)。位于格陵兰冰盖边缘、加拿大北极北部、加拿大北极南部和南极冰盖边缘地区的冰川面积退缩速率均小于 0.3%·a^{-1}。总体上，全球冰川面积经历了强烈退缩，退缩幅度在区域间存在明显差异。

1980~2015 年，全球冰川物质损失速率为 0.25 m w.e.·a^{-1}；20 世纪 80 年代，全球冰川物质平衡呈现缓慢损失状态，为 0.09m w.e.·a^{-1}，之后呈现加速损失趋势；1991~2000 年，年均冰川物质平衡为−0.24m w.e.；进入 21 世纪后，全球冰川物质损失速率达到了−0.37m w.e.·a^{-1}，最大损失出现在 2011 年，即−0.52m w.e.·a^{-1} (李耀军，2020)。

在空间上，1980~2015 年，除南极冰盖边缘地区冰川物质平衡呈现微弱的正平衡，其他区域的冰川均呈现物质损失状态。冰川物质平衡区域差异显著。冰川物质损失最为显著的是南安第斯山脉地区(−0.81m w.e.·a^{-1})，其次为阿拉斯加地区(−0.74m w.e.·a^{-1})和热带安第斯山脉地区(−0.67m w.e.·a^{-1})。冰川物质损失速率最慢的地区是南亚西部(−0.04m w.e.·a^{-1})。南极冰盖边缘地区拥有全球最多的冰川，1980~2015 年该地区的冰川呈现微弱的正平衡状态(0.04m w.e.·a^{-1})(李耀军，2020)。高山亚洲地区(包括亚洲中部、亚洲西南部和亚洲东南部三个一级冰川区)冰川物质损失速率在中低纬度冰川区中最小，且小于全球冰川物质损失的平均速率。

与全球冰川面积变化的区域差异不同，全球冰川物质平衡没有呈现明显的维度地带性特征。全球冰川物质平衡的区域性特征也不如面积变化的区域性特征明显。位于北半球高纬度地区的阿拉斯加地区冰川，其物质损失速率为全球第二，明显大于位于北半球中纬度地区的北美洲西部和阿尔卑斯山脉冰川。位于南半球中纬度地区的南安第斯山脉冰川，其物质平衡也显著小于位于低纬度地区的热带安第斯山脉冰川。

过去几十年，全球冰川经历了显著的退缩过程。其中，中低纬度地区冰川表现出显著面积退缩的物质损失。热带安第斯山脉地区冰川面积退缩速率最大，南安第斯山脉地区的冰川物质损失幅度最大。阿尔卑斯山脉和北美洲西部的冰川也经历了严重的面积退缩，且两个地区物质损失速率均超过了 0.6m w.e. · a^{-1}，其损失速率大于全球平均速率。高纬度地区冰川尤其是阿拉斯加地区冰川，以变薄为主要特征，面积退缩速率相对较小。

作为"亚洲水塔"，高亚洲地区的冰川是青藏高原及其周边地区众多大江大河的发源地，是下游人类活动的重要水源，惠及十几亿人口，具有极其特殊的意义，备受人们关注。高亚洲地区冰川的退缩幅度相对较小(与全球平均水平相比)。与中低纬度其他地区的冰川相比，高亚洲地区的冰川面积退缩速率最小，物质损失速率小于全球冰川单位面积物质损失速率的平均水平。

2.1.2　我国冰川分布及其变化

我国西部由于地壳强烈隆升而形成众多山地高原，部分地区海拔高于雪线，从而发育了众多冰川。作为地形主题的青藏高原，其平均海拔高于 4000m，冬季干冷漫长，夏季温凉多雨，这一特殊气候为现代冰川的发育提供了优质的自然条件，使我国成为中低纬度山地冰川最为发育的国家。

1. 我国冰川分布

中国第二次冰川编目(2014 年)数据集显示，我国冰川总计 48571 条，总面积 $5.18×10^4km^2$，冰川储量 $4.3×10^3$～$4.7×10^3km^3$(刘时银等，2015)。2018 年，我国有冰川 53238 条，总面积为(47174±19.93)km^2(Su et al.，2022)。我国冰川区主要以面积<0.5km^2 的冰川为主(72.47%)，冰川面积规模以 1～32km^2 为主，占冰川总面积的 59.96%。随着冰川面积规模的增大，冰川数量和面积都呈现先增加后减少的规律。

我国西部冰川主要发育在海拔 1800～8700m 处，其中高于 7200m 和低于 3000m 的冰川面积占总面积的 0.44%；坡度为 8°～30°的冰川面积占总面积的 87.32%；从坡向的角度分析，正东、东南和正南三个方向的冰川数量和面积占比分别为 45.71%和 68.73%，正北方向的冰川数量和面积占比最小，分别为 3.64%和 0.21%(赵华秋等，2021)。

从山系分布来看，西部地区冰川主要集中在喀喇昆仑山、喜马拉雅山、横断山、天山、昆仑山和念青唐古拉山，其中昆仑山地区的冰川面积和数量占比最大，分别为 24.72% 和 17.57%，占比最小的是阿尔泰山。从流域的角度来看，内流区的冰川数量和面积占比分别为 53.67% 和 65.29%，其中东亚区域的冰川数量和面积分别占整个内流区冰川数量和面积的 70.94% 和 72.13%；在外流区，恒河流域冰川数量和面积占比最大，分别占整个外流区冰川数量和面积的 68.15% 和 72.93%。

2. 我国冰川变化

结合中国第二次冰川编目数据集和冰川遥感解译数据(2018 年)得到，2008～2018 年，我国西部冰川面积共减少了 1393.97km^2，占冰川总面积的 3.74%，平均面积变化速率为 -0.43% $\cdot$ a^{-1}。其中，有 318 条冰川消失(面积 18.98km^2，占冰川总面积 0.05%)；有 372 条冰川面积增加(面积 48.72km^2，占冰川总面积 0.13%)。从不同冰川面积等级变化来看，面积<1km^2 的冰川面积变化最大，变化率为 -11.2%；面积>32km^2 的冰川面积变化最小，变化率为 -0.3%。

从各山系面积变化速率分布来看，2008～2018 年，冈底斯山地区冰川面积退缩最快(-1.07% $\cdot$ a^{-1})，其次是喜马拉雅山(-0.79% $\cdot$ a^{-1})，羌塘高原面积退缩最慢(-0.05% $\cdot$ a^{-1})。从海拔层面，各海拔带也呈现不同的变化趋势，随着海拔的升高，我国西部地区的冰川面积变化逐渐趋于稳定(高海拔地区冰川面积变化率在±2%)。在海拔<5000m 的地区，除喀喇昆仑地区冰川面积变化率为正值，其余区域均呈现负值(赵华秋等，2021)。

基于坡向统计的面积变化率结果显示，大部分山系正东和东南方向的冰川面积变化率较大，正北和西北方向冰川面积变化率较小。具体来看，昆仑山与喀喇昆仑山各坡向面积变化率差异较小，变化稳定；祁连山与阿尔泰山地区变化率在各坡向差异较明显，西南和正南方向的面积变化率最大，为 8%，西北和正北方向的面积变化率为 4%；羌塘高原在西南方向上的面积变化率最大，为 -1.5%；冈底斯山地区在西北方向的面积变化率为 -8.6%。

我国监测时间超过 10a 的冰川有天山乌鲁木齐河源 1 号冰川、祁连山七一冰川、昆仑山煤矿冰川、青藏高原小冬克玛底冰川、贡嘎山海螺沟冰川、玉龙雪山白水 1 号冰川、念青唐古拉山扎当冰川、喜马拉雅山抗物热冰川、天山奎屯河哈希勒根 51 号冰川、帕隆 94 号冰川、慕士塔格 15 号冰川、喜马拉雅山纳木那尼冰川、祁连山老虎沟 12 号冰川，其中乌鲁木齐河源 1 号冰川已连续观测 60 多年，是我国唯一一条纳入世界冰川监测服务处(WGMS)的世界参照冰川(图 2.1)。对我国 43 条监测冰川观测数据进行分析，发现 20 世纪 90 年代以前，大多数冰川的物质平衡具有明显的波动特征，表现为较低的物质损失甚至有增加；20 世纪 90 年代以来，冰川物质损失明显加剧，冰川减薄速度大幅增加，大部分流域的物质平衡波动相对较小(Wang et al.，2020；Che et al.，2017)。青藏高原特别是帕米尔高原东部，冰川物质平衡波动较小，甚至是正值，但有些冰川出现负物质平衡，如白水 1 号冰川和帕隆 94 号冰川 2008~2017 年冰川物质平衡分别为-1.463m w.e. a^{-1} 和 -0.994m w.e. a^{-1}(Xu et al.，2019；Xiao et al.，2012；Li et al.，2011)。

图 2.1　天山乌鲁木齐河源 1 号冰川

新疆北部(包括天山)冰川表现为中等物质损失，1990~2010 年大部分冰川的物质损失小于 0.6m w.e. · a^{-1}，表现为由东北向西南递减的趋势。乌鲁木齐河源 1 号冰川是我国物质平衡观测时间最长的冰川，1959~2019 年物质损失速率为 -0.142m w.e. · $(10a)^{-1}$，且有研究表示，该区域大部分冰川在经历 20 世纪 90 年代以来的加速退缩后，2010 年之后物质损失略有减少(Wang et al.，2020)。整合我国 13 个监测冰川 1960~2019 年的物质平衡数据，发现物质损失速率为 -0.135m w.e. · $(10a)^{-1}$，略大于同时期全球 41 个参照冰川(-1.27m w.e. · a^{-1})，但 2010~2020 年我国监测冰川的平均物质损失都小于全球范围内的观测值。1960~2019 年，我国监测冰川和全球参照冰川的累积物质平衡分别为-15.8m w.e. 和-25.8m w.e.，对于全球中纬度地区，包括我国在内的亚洲高山地区冰川物质损失最小(Zemp et al.，2019；Li et al.，2019)。

2.2　冰川变化的影响　

在全球变暖背景下，冰川退缩与生物圈、水圈、大气圈、岩石圈、人类之间的相互作用日趋加深，尤其是对自然灾害、水文水资源、生态系统及人类经济社会可持续发展产生着广泛且深刻的影响。

2.2.1　对自然灾害的影响

冰川变化引起的冰崩、冰川跃动、冰川泥石流、冰湖溃决、春季冰川和融雪洪水等，都是冰冻圈变化造成的直接或间接灾害形式(图 2.2)，严重威胁着公共设施和人民生命财产安全(康世昌等，2020)。冰川变化会改变冰川的动力学机制，其消融量和退缩速度势必会影响底层应力，诱发一系列的自然灾害。《气候变化中的海洋和冰冻圈特别报告》显示，山地冰冻圈(冰川积雪多年冻土等)的变化已经改变了与之相关的自然灾害发生的频率、强度、范围。

内陆高山区地质构造运动活跃，为冰川运动状态的变化提供了不确定因素。例如，地震会减弱坡体稳定性，导致滑坡、冰崩(图 2.3 和图 2.4)、雪崩等，其带来的丰富冰碛物(图 2.5)、寒冻作用产生的岩屑、沟谷和两岸丰富的松散固体物质，

(a) 冰岩崩　　　　　　　　　　　　(b) 雪岩崩

(c) 冰雪型碎屑流　　　　　　　　　(d) 冰碛物堆积滑坡

(e) 冰湖溃决　　　　　　　　(f) 冰川泥石流

图 2.2　高寒山地区典型冰雪型地质灾害(申艳军等，2022)

在自身陡峻的地形作用下容易发生大规模的冰川洪水和冰川泥石流。常发生在增温与融水集中的夏、秋季节，晴、阴、雨天均可发生，与暴雨泥石流相比，冰川泥石流具有规模大、流动时间长、破坏力强等特征。

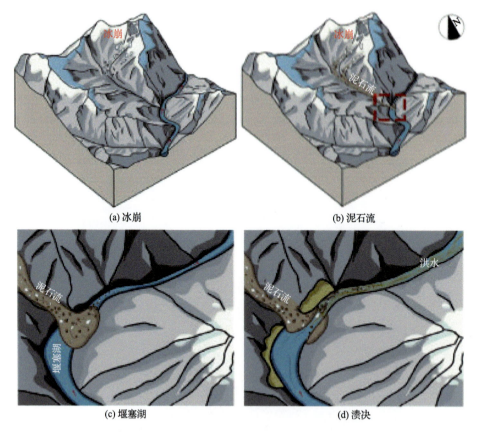

图 2.3　典型冰崩-泥石流-堰塞湖-溃决灾害链模式示意图(铁永波等，2022)

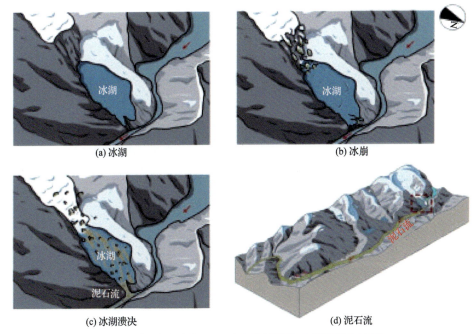

(a) 冰湖　(b) 冰崩

(c) 冰湖溃决　(d) 泥石流

图 2.4　典型冰崩-冰湖溃决-泥石流灾害链模式示意图(铁永波等，2022)

图 2.5　冰川末端冰碛物

2.2.2 对水文水资源的影响

虽然地球表面约 70%的区域被水覆盖，但淡水资源相对较少，且大部分以固态冰川的水体形式存在。冰川的分布、规模、地理位置及消融的时空差异都会改变流域内的径流量大小。对于冰川规模较大的河流区，冰川在气候变暖背景下持续消融，消融量增加，同时消融期延长。冰川融水(图 2.6)会为径流带来丰厚的补给，

图 2.6   冰川融水

最终冰川融水产生的径流量大致保持在固定的区间，如果气温持续升高，融水有增加的可能。随着冰川储量减少，消融面积减小，冰川融水最终会快速减少，形成径流量减少的拐点。有研究表明，在 RCP4.5 情景下，对于北美洲苏西特纳河、南美洲阿根廷圣克鲁斯省和冰岛这些有大冰川分布或冰川覆盖率高的流域，冰川径流量将在 21 世纪末才出现拐点；以小冰川作用为主的流域，如加拿大西部、南美洲、中欧等冰川作用较小的地区，预估拐点在 2025～2035 年就会出现；在亚洲多数流域，如塔里木河、雅鲁藏布江等，预计在 21 世纪中叶冰川径流量就会出现拐点(效存德等，2019)。对于冰川规模较小的河流区，冰川融水径流量会在消融期增加，但随着冰川质量的减小，径流量增幅减小，冰川融水在夏季减少直至殆尽，此时冰川对径流的调节作用也就消失了(李忠勤，2018)。不同升温情景下乌鲁木齐河源 1 号冰川融水径流量模拟结果见图 2.7。

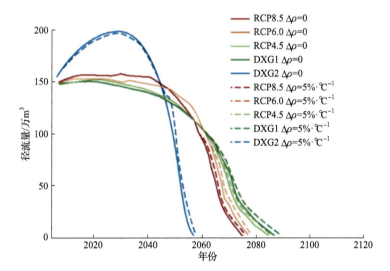

图 2.7　不同升温情景下乌鲁木齐河源 1 号冰川融水径流量模拟结果

DXG 为冰川附近的大西沟国家气象站；$\Delta\rho$ 为数据调整比率

　　冰川消融与积累过程参与了大气交换，冰川在此过程中起到了"封存"温室气体、净化地球环境的生态功能。冰川和多年冻土中储存大量有机碳，随着气候变化进一步加快，这些不同来源的有机碳将在冰川消融和多年冻土退化时重新得以释放，进而改变大气温室气体含量并加速气候变化。

　　此外，原本封存于冰川中的重金属污染物在全球变暖驱动下，将随冰川的快速退缩二次释放，从而对生态环境产生负面影响(Kang et al.，2019)。冰川消融会通过加速释放冰封在冰川中的污染物来影响水质，并对流域内水安全造成一定的威胁。有研究表明，恒河平原、阿尔卑斯山、青藏高原、阿拉斯加沿海地区的水体中都存在冰川消融释放的污染物，包括多氯联苯、二氯二苯三氯乙烷、多环芳烃和重金属等持久性污染物。冰川还可以通过一些复杂的物理化学过程封存历史上人类和自然排放的污染物，经常被用作研究无机化学成分含量及其时空变化特征、溶质来源及比例、碳循环等(Zhang et al., 2009)。冰川退缩和积雪变化还会导致一些高山地区(包括兴都库什山脉、喜马拉雅山脉和热带安第斯山脉)的农业产量局部下降。在内陆地区，依靠冰川融水供给的河流被当地居民用于日常饮水、畜牧用水和农业灌溉，这无疑会给局地农牧业发展及人类健康带来巨大的隐患(王慧等，2020)。

2.2.3　对生态系统的影响

冰川变化对于提升高山区物种应对气候变化的能力发挥着重要作用，其会改变动物、植物、微生物的物种组成、丰富度及生存环境。受冰川退缩、冻土退化等冰冻圈变化的影响，物种栖息地更替和更新。虽然在气候变暖背景下，积雪提前消融、多年冻土退化及冰川融水量增加为一些动植物生存提供了充足的水分，改变了许多淡水生物的群落结构，一定程度上可能促进山区生产力提升，但如果两极地区冰川大量消融，会令北极熊、企鹅等珍贵物种生存范围减少，一些山区好冷动植物被迫向更高海拔迁移。如果冰川不断退缩，会使物种栖息地面积减少，物种丰富度降低。

在冰川这种低温、低养分及高静水压等恶劣的环境中，仍然有微生物群落存在，海冰中存在病毒、细菌、藻类、原生生物、扁形动物和小型甲壳动物等生物，以硅藻数量最为丰富。有研究表明，南极的海冰中硅藻初级生产力近 $63\sim70\mathrm{TgC}\cdot\mathrm{a}^{-1}$，占南大洋海冰影响区总初级生产力的 5%，为异养生物提供丰富碳源；有些嗜冷微生物以其他生物的尸体、裂解物和分泌物为营养进行生长繁殖，形成独特的生物群落(陈拓等，2020)。多种嗜冷微生物可用于生产实践。例如，嗜冷微生物抗冻蛋白可在医学领域中用于移植器官的低温保存；某些细菌(如溶杆菌)中含有黑色素等色素类化合物，这些化合物具有很强的抗紫外线辐射活性，可用于抗皮肤癌类的医美产品或护肤品(李师翁等，2019)。冰川变化改变了这些微生物的菌落环境，会导致物种丰富度降低，间接影响人类的生产实践活动。

2.2.4　对人类生计和社会文化功能的影响

冰冻圈变化对人类生计和工程建设都有重要影响。地球各大洲除了南极洲没有原住民，其他大洲均有。全球有 87 个国家分布约 1900 个土著民族，合计约 2700 万人。当北极地区冰层开始大面积融化，海豹和北极熊等依赖海冰捕食的动物数量锐减。这一变化对以海豹、北冰洋鱼类等为食的环北极原住民的饮食造成极大影响，环境骤变使因纽特人从长期实践过程中总结得来的经验知识可靠性面临挑战，传统文化传承遭受一定的考验。冰川不断消融及冰层变薄，使得狩猎期缩短且存在安全隐患，改变了原住民以狩猎为主的生计方式。此外，冰层变薄也影响了原住民的交通方式。对于半游猎民族而言，雪橇是其走亲访友、户外出行的重要工具，冰层变薄与逐渐消失意味着该族群社会活动充满了安全隐患，冰面上散落的零星浮冰也会给船只通行带来隐患。

许多山区采用水力发电，其经济效益直接受到冰冻圈变化的影响。几个世纪以来，山区一直为农业提供生计支持。农业耕种需要充足的土壤水分，在很多情况下，山区的灌溉用水来源于冰川和积雪融水。当冰冻圈发生变化时，这些地区的农业生产会面临由此引发的风险。随着冰川退缩和积雪减少，很多山区灌溉用水减少，导致农业产量降低。此外，部分山区饮用水供给量也随之减少。

2.2.5　对社会文娱活动的影响

冰川持续退缩不仅会使人类丧失天然滑雪场，还会给美学、文化、娱乐及体育竞技等带来不利影响。这些服务支撑着旅游业的发展，作为部分地区的国民经济收入和生计来源，如联合国教科文组织《世界遗产名录》中被冰雪覆盖的山峰及其衍生的旅游、娱乐和文化活动等。在 RCP2.6 和 RCP8.5 情景下，2100 年冰雪非物质文化遗产将分别消失 8 处和 21 处。随着冰川退缩，以冰雪旅游为主的地区冰雪期缩短和储量降低，从而造成门票和其他冰雪旅游产品消费的收入损失。在 RCP4.5 和 RCP8.5 情景下，预计到 2050 年，美国与冰雪旅游相关的年财政收入损失将分别达到 3.4 亿和 7.8 亿美元，到 2090 年这一损失将达到 1.3 亿和 20 亿美元。相比于工业化之前，目前应对全球温升 1.5℃的适应策略(如用人工造雪支撑滑雪旅游业)在欧洲、北美洲及日本的收效甚微，且投入运营成本增大，这一情况会随着气候变暖更甚(康世昌等，2020)。除此之外，冰川灾害频发使得一些道路恶化、景区受损、山路险峻，安全性和体验感大打折扣，导致冰冻圈旅游活动大大减少。冰川和积雪的退缩与减少对人们从美学、精神层面及其他文化视角欣赏山区景观产生负面影响，减少冰冻圈服务给人类带来的福祉。部分冰冻圈旅游景点见图 2.8～图 2.11。

图 2.8　冰川景点

图 2.9　冰川彩林

图 2.10　冰前湖

图 2.11　达古冰川

参 考 文 献

陈拓, 张威, 刘光琇, 等, 2020. 冰冻圈微生物: 机遇与挑战[J]. 学科建设, 35(4): 434-442.

康世昌, 郭万钦, 吴通华, 等, 2020. "一带一路" 区域冰冻圈变化及其对水资源的影响[J]. 地球科学进展, 35(1): 1-17.

李师翁, 陈拓, 张威, 等, 2019. 冰冻圈微生物学: 回顾与展望[J]. 冰川冻土, 41(5): 1221-1234.

李耀军, 2020. 全球冰川变化的时空特征及其对水资源影响研究[D]. 兰州: 中国科学院西北生态环境资源研究院.

李忠勤, 2018. 山地冰川物质平衡和动力过程模拟[M]. 北京: 科学出版社.

刘时银, 姚晓军, 郭万钦, 等, 2015. 基于第二次冰川编目的中国冰川现状[J]. 地理学报, 2015, 70(1): 3-16.

秦大河, 2017. 冰冻圈科学概论[M]. 北京: 科学出版社.

申艳军, 陈思维, 张蕾, 等, 2022. 冰雪型地质灾害链高位萌生、动力溃散及物相转化过程剖析[J]. 冰川冻土, 44(2): 643-656.

铁永波, 张宪政, 龚凌枫, 等, 2022. 西南山区典型地质灾害链成灾模式研究[J]. 地质力学学报, 28(6): 1071-1080.

王慧, 刘秋林, 李文善, 等, 2020. 气候变化中海洋和冰冻圈的变化、影响及风险[J]. 海洋通报, 2(39): 143-151.

效存德, 苏勃, 王晓明, 2019. 冰冻圈功能及其服务衰退的级联风险[J]. 科学通报, 7(24): 1975-1984.

赵华秋, 王欣, 赵轩茹, 等, 2021. 2008—2018 年中国冰川变化分析[J]. 冰川冻土, 43(4): 976-986.

BRADLEY R S, VUILLE M, DIAZ H F, et al., 2006. Threats to water supplies in the tropical Andes[J]. Science, 312(5781): 1755-1756.

CHE Y, ZHANG M, LI Z, et al., 2017. Glacier mass-balance and length variation observed in China during the periods 1959—2015 and 1930—2014[J]. Quaternary international, 454: 68-84.

CISNEROS M, ANDRÉS M, PAULY D, et al., 2016. A global estimate of seafood consumption by coastal indigenous peoples[J]. PLoS One, 11: e0166681.

EICKEN H, KAUFMAN M, KRUPNIK I, et al., 2014. A framework and database for community sea ice observations in a changing Arctic: An Alaskan prototype for multiple users[J]. Polar Geography, 37(1): 5-27.

KANG S, ZHANG Q, QIAN Y, et al., 2019. Linking atmospheric pollution to cryospheric change in the Third Pole region: Current progress and future prospects[J]. National Science Review, 6(4): 796-809.

LI Y J, DING Y J, SHANGGUAN D H, et al., 2019. Regional differences in global glacier retreat from 1980 to 2015[J]. Advances in Climate Change Research, 10(4): 203-213.

LI Z, LI H, CHEN Y, 2011. Mechanisms and simulation of accelerated shrinkage of continental glaciers: A case study of Urumqi Glacier No. 1 in eastern Tianshan, central Asia[J]. Journal of Earth Science, 22(4): 423-430.

SU B, XIAO C, CHEN D, et al., 2022. Glacier change in China over past decades: Spatiotemporal patterns and influencing factors[J]. Earth-Science Reviews, 226: 103926.

VERGARA W, DEEB A, VALENCIA A, et al., 2007. Economic impacts of rapid glacier retreat in the Andes[J]. Eos, Transactions American Geophysical Union, 88(25): 261-264.

WANG P, LI Z, LI H, et al., 2020. Glaciers in Xinjiang, China: Past changes and current status[J]. Water, 12(9): 2367.

XIAO C D, LI Z Q, ZHAO L, et al., 2012. High Asia cryospheric observation: A proposed network under Global Cryosphere Watch (GCW)[J]. Sciences in Cold and Arid Regions, 4: 1-12.

XU C, LI Z, LI H, et al., 2019. Long-range terrestrial laser scanning measurements of annual and intra-annual mass balances for Urumqi Glacier No. 1, eastern Tien Shan, China[J]. The Cryosphere, 13(9): 2361-2383.

ZEMP M, HUSS M, THIBERT E, et al., 2019. Global glacier mass changes and their contributions to sea-level rise from 1961 to 2016[J]. Nature, 568(7752): 382-386.

ZHANG X, MA X, WANG N, et al., 2009. New subgroup of Bacteroidetes and diverse microorganisms in Tibetan Plateau glacial ice provide a biological record of environmental conditions[J]. FEMS Microbiology Ecology, 67(1): 21-29.

第3章

冰川保护的措施

气温升高是冰川变化的最重要原因，控制温升是应对冰川变化最有效的方法。应对措施主要分为两种，一种是积极落实节能减排政策，另一种是科学家提出的人为干预气候系统的地球工程(SRM 和 CDR)。此外，近年来通过改变冰川的反照率、增加冰雪补给来达到减缓冰川消融速率目的的工程措施逐渐进入了社会视野。本章将对冰川保护中采取的几种措施进行详细介绍。

3.1 减缓全球变暖的工程措施

3.1.1 节能减排

在应对气候变化的背景下，全球开展了多种节能减排工作，以下是全球在节能减排这方面开展的一些具体工作。

1. 国际协定和公约

全球应对气候变化的国际协定和公约是为了减轻气候变化的影响、推动全球减排行动而制定的重要法律框架。从臭氧层保护到气候变化治理，1987 年的《蒙特利尔议定书》开启了减少消耗臭氧层物质的全球行动，并通过《基加利修正案》扩展至控制氢氟碳化合物(HFCs)等温室气体。1992 年的《联合国气候变化框架公约》首次为应对气候变化建立了全球框架，随后 1997 年《京都议定书》提出了发达国家强制性减排目标，并通过了碳交易和清洁发展机制的具体实施。2009 年的《哥本哈根协议》虽为非法律约束协议，但确认了将全球升温控制在 2℃ 以内的目标，发达国家承诺到 2020 年每年提供 1000 亿美元支持发展中国家应对气候变化。《巴黎协定》(2015)是全球气候治理的里程碑，适用于所有国家，要求提交并更新国家自主贡献目标，力争将升温限制在 1.5℃ 以内。2021 年签署的《格拉斯哥气候公约》呼吁加速淘汰煤炭、减少甲烷排放，并强化对发展中国家的资金支持。此外，1992 年签署的《生物多样性公约》聚焦生态保护，通过可持续利用和公平分享生物资源利益，增强生态系统韧性以应对气候变化。这些协定/公约构建了多层次、全方位的国际合作框架，推动全球向可持续发展转型，如表 3.1 所示。这些协定/公约的签署国采取减排措施，推动清洁能源发展、节能减排技术创新，并加强国际合作与技术转让，为全球气候变化治理做出了积极贡献。

表 3.1　国际气候协定和公约(按年份排序)

协定/公约	年份	主要内容	目标	关键机制
《蒙特利尔议定书》	1987	旨在减少消耗臭氧层物质，后通过《基加利修正案》控制氢氟碳化合物等温室气体	逐步淘汰破坏臭氧层和加剧气候变化的物质	每年监测和报告，逐步淘汰和替代相关物质
《联合国气候变化框架公约》	1992	全球首次就气候变化问题达成框架性协议	稳定温室气体浓度，避免危险的气候变化影响	每年召开联合国气候变化大会，建立国际气候变化谈判机制
《京都议定书》	1997	要求发达国家在 2008~2012 年减少温室气体排放，首次设定强制性减排目标	发达国家平均减排 5.2%(基于 1990 年水平)	碳交易、清洁发展机制、联合履行机制
《哥本哈根协议》	2009	非法律约束的协议，确认全球升温应控制在 2℃ 以内，发达国家承诺到 2020 年每年提供 1000 亿美元支持发展中国家应对气候变化	提高全球气候行动力度，提供资金支持	提供资金支持发展中国家，非强制性减排承诺
《巴黎协定》	2015	全球气候协议，适用于所有国家，要求各国提交国家自主贡献，每 5 年更新减排目标	将全球升温控制在 2℃ 以内，努力限制在 1.5℃ 以内	全球盘点、适应和资金支持，促进减排和气候适应
《格拉斯哥气候公约》	2021	第 26 届联合国气候变化大会达成的协议，呼吁加速淘汰煤炭和减少甲烷排放，并减少化石燃料补贴	加速向低碳经济过渡，减排及资金支持发展中国家	煤炭淘汰、甲烷减排、气候资金承诺

2. 建立碳排放交易市场

　　世界各国已经相继建立了碳排放交易市场机制(表 3.2)。欧盟于 2005 年启动了欧盟碳排放交易体系(EU Emissions Trading System，EUETS)，是全球最大的碳排放交易市场之一。通过 EUETS，欧盟国家成功降低了工业和能源部门的碳排放量，并对清洁技术的发展形成了强有力的激励。美国曾尝试建立碳排放交易市场，如加利福尼亚州的碳排放交易体系，但其覆盖范围相对有限。由于在政策上存在分歧，一些州和城市采取了自愿性的减排措施，如俄勒冈州和华盛顿州加入了西部气候倡议。日本于 2005 年启动了碳排放交易制度，但规模相对较小，计划通过提高碳排放交易的价格和强化监管，进一步推动减排行动并实现碳中和目标。我国于 2017 年启动了全国碳市场建设，通过制定碳排放权交易体系，鼓励企业减少碳排放。这一政策不仅有助于减少工业排放，还能减少温室气体的排放，缓解气候变化对冰川融化的影响。碳交易市场是全球减排行动中的一种重要机制，虽然它本身不能直接减缓全球变暖，但可以为全球减排提供有效的经济激励和管理工具，从而间接地对减缓全球变暖发挥作用。

表 3.2 全球主要国家/地区的碳排放交易市场

国家/地区	市场	启动年份	主要机制	特点
欧盟	欧盟碳排放交易体系	2005	设定排放上限，允许配额交易；使用碳信用额度和配额互换机制	全球首个大规模碳排放交易市场，分为多个阶段发展
中国	全国碳排放权交易市场	2021	强制性碳排放限额与交易，覆盖发电行业，扩展至钢铁、水泥等多个行业	全球最大的碳市场，计划逐步扩大至所有高排放行业
美国(加利福尼亚州)	加利福尼亚州碳排放交易体系	2013	碳配额拍卖，允许碳信用额度交易，逐步降低排放限额	与加拿大魁北克省碳排放交易系统联通，覆盖范围广泛
加拿大(魁北克省)	魁北克碳排放交易体系	2013	与加利福尼亚州碳排放交易系统连通，允许企业购买碳信用额度并进行排放交易	与美国加利福尼亚州碳排放交易系统协作，扩大交易范围并提升市场稳定性
新西兰	新西兰排放交易体系	2008	基于总量与交易机制，企业可使用林业、农业等减排项目的碳信用额度	覆盖农业和林业，提供更多灵活性，全球第一个全国范围的碳市场
韩国	韩国碳排放交易体系	2015	覆盖六大行业，配额免费分配和拍卖，允许国际碳信用额度使用	亚洲首个全国碳市场，逐步扩展至更多行业，注重国际合作
瑞士	瑞士碳交易体系	2008	与欧盟碳排放交易体系连通，设定排放限额，并允许交易配额	覆盖面扩大，交易流动性强
日本(东京、埼玉)	东京碳交易市场	2010	针对建筑和工业设施设定排放上限并允许配额交易，旨在减少城市碳排放	日本首个城市级碳市场，主要针对建筑和商业设施排放
日本(全国计划)	全国碳市场试点	2023	启动全国性的碳排放交易体系，计划涵盖能源、工业等多个行业，正在试点中	全国试点项目，未来计划扩展为全日本的碳交易市场

续表

国家/地区	市场	启动年份	主要机制	特点
加拿大(安大略省)	安大略碳排放交易体系	2017~2018	曾与加利福尼亚州和魁北克碳排放交易体系连通，后因政策变动而终止	运行时间较短
墨西哥	墨西哥碳排放交易试点	2020	试点阶段，设定排放上限并允许交易，未来扩展至全国	拉美首个碳排放交易市场，计划逐步扩展为全国性碳市场
英国	英国碳排放交易体系	2021	英国脱欧后推出的独立碳市场，延续了欧盟碳排放交易体系机制，设定限额并允许交易	基于欧盟碳排放交易体系建立，适应英国本土需求，提供更灵活的碳定价机制
瑞典	瑞典国内碳税与交易相结合的系统	1991	使用碳税和交易市场相结合的机制，鼓励企业减少碳排放	最早采用碳税和交易结合模式的国家之一，减排效果显著，碳税补充交易市场不足
澳大利亚	澳大利亚碳交易市场(已废除)	2012~2014	曾短暂运行的全国碳交易市场，后来被废除，改为直接行动计划，鼓励企业自主减排	运行时间短，政策变动大，最终改为补贴制的直接减排行动计划
哈萨克斯坦	哈萨克斯坦碳排放交易体系	2013	设定限额并允许碳排放配额交易，主要覆盖能源密集型行业	中亚地区第一个碳市场，覆盖能源和重工业行业
南非	南非碳税与交易体系	2019	采用碳税和排放交易结合的机制，逐步建立覆盖主要排放行业的碳市场	非洲最大的碳市场，重点针对矿业和能源行业碳排放
智利	智利碳定价与交易体系	2017	对发电厂和工业设施碳排放征收碳税，并探索建立碳市场	南美地区的碳定价试点国家，未来计划扩展碳交易体系
哥伦比亚	哥伦比亚碳定价与市场机制	2017	对燃料和碳排放征税，探索建立碳市场交易机制	逐步过渡到碳交易市场，采用税收与交易相结合的机制

3. 能源转型与可再生能源发展

积极发展清洁能源，推动经济社会绿色低碳转型，已经成为国际社会应对全球气候变化的普遍共识。欧美等国正在加大对可再生能源的投资和发展，包括太阳能、风能、水能等。通过建设更多的太阳能电站、风力发电场和水力发电站，实现能源生产的绿色转型，减少对化石燃料的依赖，降低碳排放。我国风电、光伏等资源丰富，发展新能源潜力巨大。经过持续攻关和积累，我国多项新能源技术和装备制造水平已全球领先，风、光、水、生物质发电装机容量均居世界第一，建成了世界上最大的清洁电力供应体系，我国已成为世界能源发展转型和应对气候变化的重要推动者。除此之外,印度通过"太阳能村庄"计划和风能发电项目促进了可再生能源的快速发展;巴西利用丰富的水资源大力发展水力发电,并推动生物质能源和生物燃料的应用;德国通过能源转型政策大力发展太阳能和风能,并鼓励居民和企业投资可再生能源项目;英国设立了可再生能源目标,并通过拍卖制度和优惠政策推动了太阳能和海上风电的发展;澳大利亚通过可再生能源目标和电力市场改革促进了太阳能和风能的快速发展。通过这些具体努力,全球正在逐步实现能源结构的转型,促进可再生能源的大规模应用,从而减少对化石能源的依赖,减缓气候变暖的速度,实现可持续发展的目标。

4. 森林保护与碳汇建设

全球在森林保护与碳汇建设方面积极展开行动,通过森林保护、恢复和可持续管理等措施,防止森林砍伐和土地退化,促进了森林生态系统的健康发展。同时,各国以森林作为碳汇,通过重新植树、森林管理等途径,增加森林的碳储量,减少大气中的二氧化碳浓度,缓解了气候变暖的影响。国际社会积极合作,投入资金,为森林保护和碳汇建设提供了重要支持,共同推动全球森林资源的可持续管理和保护。这些努力不仅有助于保护生态环境和维护生物多样性,同时也为实现可持续发展目标和减缓气候变化做出了重要贡献。巴西通过设立亚马孙雨林保护区、打击非法采伐和实施再造林项目,努力应对森林减少和碳汇能力下降的问题,同时计划加强再造林和可持续发展,但亚马孙雨林的非法采伐和火灾仍对保护成效构成挑战。我国通过设置森林保护区、退耕还林和国家级森林公园政策,大规模植树造林,使碳汇能力显著提高,森林覆盖率逐年增加,并进一步推进森林恢复工程和加强法律保护。美国依托国家森林管理和碳捕获项目,森林碳汇能力在实现全国减排目标中发挥了重要作用,未来将加强碳捕获技术的应用及森林恢复项目投入。加拿大凭借其森林资源,通过可持续管理和森林恢复增加碳汇,并进一步强化保护政策。俄罗斯的森林碳汇较为稳定,但面临火灾和非法采伐威胁,当前正通过实行防火措施和法律保护加强森林管理。印度和印度尼西亚则积极推进森林恢复与保护措施,虽然森林碳汇能力有所提升,但仍需要应对森林资源丧失和非法采伐的问题。此外,澳大利亚加强防范森林火灾和促进可持续森林管理,碳汇能力逐步提高,但气候变化带来的挑战仍较突出。日本以高森林覆盖率和强碳汇能力为优势,通过可持续采伐和管理计划进一步提升森林保护水平。欧盟推动跨国合作,利用森林保护区和恢复项目增强碳汇能力,并推广量化与监测机制。巴拿马和哥伦比亚在加强森林保护区和实施恢复项目的同时,面临非法采伐等威胁,其森林覆盖率和碳汇能力仍维持在较高水平。总体而言,各国在森林保护和碳汇建设方面的成效与挑战并存,未来须继续强化措施以实现可持续发展目标。这些努力不仅有助于保护地球生态环境,也为缓解全球气候变暖做出了重要贡献。

5. 城市绿色发展

全球各城市在绿色发展方面积极努力，通过可持续城市规划、推广绿色交通工具、建设生态园区、推动能源转型和鼓励绿色建筑等举措，致力于减少碳排放、改善空气质量，并提升城市环境和居民生活品质。例如，我国提出绿色建筑和低碳城市，推广公共交通优先政策；美国一些城市致力于提高绿地覆盖率，推广可再生能源；德国鼓励自行车出行和太阳能发电，提高城市可持续性；日本打造智慧型低碳型城市，推广节能技术和碳排放监管。这些努力不仅有助于城市应对气候变暖的挑战，也为实现可持续发展目标提供了重要支持，共同构建更加环保、宜居的城市未来。

3.1.2 地球工程

在人为控制温升方面，地球工程主要有太阳辐射管理和碳移除，这些地球工程的应用仍在研究和评估阶段，存在着技术、环境和政策等多方面的挑战和不确定性。虽然这些技术可能对气候变化的影响具有潜在意义，但需要进行深入研究和全球协调才能有效实施。

1. 太阳辐射管理

太阳辐射管理(SRM)是一个正在进行的科学研究和辩论主题。随着地球工程领域研究的不断深入，学者逐渐对该工程措施进行研究与评估。

平流层气溶胶注入(stratospheric aerosol injection，SAI)是通过人为向平流层注入有散射效应的气溶胶粒子或其前体物(如 SO_2)的方式来增加行星反照率，减少到达地表的太阳辐射，进而实现全球降温的太阳辐射干预地球工程方法。SAI 可以在不同程度上帮助减轻温室气体排放对气候变化的影响，适度实施可以应对工业革命以来人类活动造成的气候变暖效应，可以有效减缓极地冰原和冰川的融化速度。该技术的有效性在很大程度上取决于平流层气溶胶注入的位置和数量(图 3.1)。正如气候模型预测的那样，SAI 可能产生一些广泛的不利影响(Duan et al.，2018)。Robock 等(2008)基于大气-海洋环流模型模拟了在热带和北极上空平流层注入硫酸盐气溶胶前后的气候响应，结果显示，热带和北极硫酸盐气溶胶将扰乱亚洲和非洲的夏季风，降低降水量，影响数十亿人的粮食供应。Dykema 等(2016)利用化学-传输-气溶胶模型进行模拟，发现硫酸盐气溶胶加速平流层顶层变暖，增加进入平流层的水蒸气通量和辐射强迫，加速臭氧损失，由此可能对洋流和西南极冰盖稳定性、水文稳定性产生不利影响。平流层气溶胶注入已被提议作为冷却地球的一种手段，然而这种技术只能缓解全球变暖的一些影响，仍无法替代温室气体减排，所以只能作为应对气候风险的补充措施。

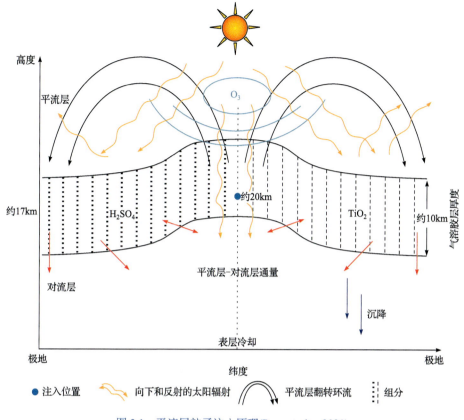

图 3.1　平流层粒子注入原理(Pope et al.，2021)

太空设置反射镜(SMG)的部分试验模拟了在太空中部署大型镜子或反射片，以拦截或反射太阳光远离地球，直接干预太阳辐射。研究结果表明，全球平均温度能够在几年到几十年的时间尺度上降低到工业革命前的水平，区域性和季节性的温度变化也会相应减小(Irvine et al.，2019)。太空设置反射镜作为一种"保底"的解决方案，能够减轻气候变化最严重的影响，并促进向低碳未来的过渡，正在引起人们的关注。但是，大多数人对该技术持消极态度，主要是以下原因：①投资太空设置反射镜的效果可能通过其他技术方法获取；②如果明确不考虑全球变暖的根本原因，进一步关注 SMG 可能会产生道德风险；③可能引发军事冲突和加剧地球社会的不平等问题。

海洋云增亮(marine cloud brightening，MCB)地球工程技术的思路是将海水颗粒喷射到大气中来提高海洋云的反射率和寿命，从而提高它们反射阳光的能力(Feingold et al.，2024)(图 3.2)。有研究对海洋云增亮的冷却效果进行了计算机模拟，表明在海洋层积云中播撒分散的亚微米量级的海水颗粒会显著提高云的反射率和存在时长，从而延长地球冷却效果(Latham et al.，2012)。除此之外，研究人员进行了大量物理、环境方面的研究，包括研究云微物理学，将海盐或气溶胶等微小颗粒注入模拟海洋云环境的效果，了解颗粒浓度如何影响海洋云特性和反射率；实地研究观测用颗粒播种海洋云的影响，并监测云特性和反射率的变化；使用计算机模型模拟各种 MCB 情境下海洋云的行为，评估海洋云增亮对云量、反射率、降水模式和整个气候系统的潜在影响(Latham et al.，2012)。该技术仍然存在一些争议，如海洋云增亮的有效性依赖于地球系统各个组分的微妙平衡，是否会对天气模式、降水和区域气候存在潜在影响，大规模干预自然云过程对是否会地球气候系统造成不良后果，如海洋生态系统和沿海地区的气候变化。

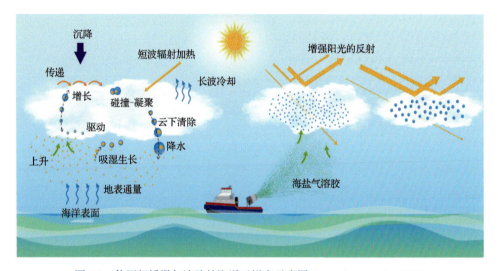

图 3.2   使用船播撒气溶胶的海洋云增亮示意图(Sorooshian et al.，2019)

国内外地球工程研究项目大多停留在模型模拟阶段，模拟分析不同时间、不同地点及不同方式 SRM 方案对全球和区域气温、降水、海冰等多方面的影响。除此之外，还有许多关于太阳地球工程的伦理、法律和经济问题的有价值研究也进入了研究行列。政府间气候变化专门委员会(IPCC)第五次评估报告(AR5)对 SRM 进行了评估(Reynolds, 2021)，认为在缺乏充分研究的情况下不应盲目开展 SRM 实践活动，主要是因为 SRM 方案并不能从根本上减少温室气体含量。尽管 SRM 在理论上具有应对全球变暖的潜力，但人们对这些干预措施的伦理、社会和环境影响存在重大担忧。SRM 研究的批判者强调了其不可预测和不利作用的可能性，包括区域气候破坏、降水模式改变、对臭氧层的破坏及与地球气候有关的伦理问题。因此，采取 SRM 技术应谨慎，需要继续进行科学调查和建立国际治理框架，以解决与大规模部署 SRM 技术相关的潜在风险、伦理问题和潜在的意外后果。

2. 碳移除

尽管碳移除(CDR)技术研究还处于起步阶段，但这不影响其成为制定气候政策的考虑因素。全球在 CDR 技术领域的研究正逐步推进(表 3.3)。美国和加拿大在碳捕获与储存(CCS)和直接空气捕获(DAC)方面积极探索，前者在多个试点项目中成功捕获和储存二氧化碳，但技术成本较高，后者显示出良好的潜力。挪威的 Sleipner 和 Longship 项目已经成功运行，储存了数百万吨二氧化碳，并正在推进 DAC 技术。荷兰、德国和澳大利亚正在进行 DAC 和生物质与碳捕获(BECCS)技术的试点研究，初期测试结果显示有效，但商业化应用仍须进一步推动。日本、巴西和中国也在探索 BECCS 和 DAC 技术，力图提升碳捕获能力并实现碳中和。印度、南非和新加坡正在进行技术研究和试点项目，计划未来扩大应用范围、提升效率并降低成本。总体而言，这些国家的研究进展表明 CDR 技术有望在实现全球减排目标中发挥重要作用，但仍须解决成本高和大规模应用等问题。

表 3.3　碳移除技术的进展情况

国家	主要技术或项目	应用领域	主要目标	实施现状	成效	未来计划与目标
美国	CCS、DAC、BECCS	发电厂、工业设施、研究中心	减少工业和电力部门的碳排放，开发新技术	运行多个试点项目，DAC 技术研究中，BECCS 技术逐步推广	成功捕获和储存大量二氧化碳，但成本较高，DAC 技术尚处于发展阶段	扩大 CDR 技术的应用，降低成本，推进技术商业化
加拿大	Boundary Dam 项目、DAC	发电厂、工业设施	降低电力生产和工业排放	已实施并运营 BECCS 项目，DAC 技术正在研究	成功减少电力生产中的碳排放，DAC 技术测试显示有潜力	扩展 DAC 技术应用，优化 BECCS 技术，推动大规模部署
挪威	Sleipner 项目、Longship 项目	海上天然气处理、工业设施	捕获和储存天然气开采过程中的碳，试验 DAC	已成功运行 Sleipner 项目，Longship 项目正在推进	已成功储存数百万吨二氧化碳，DAC 技术试点	继续优化技术，扩大 DAC 和 CCS 项目规模，探索新应用
荷兰	Rotterdam 项目、DAC 技术	工业设施、研究中心	减少工业生产和研究中碳排放	BECCS 和 DAC 技术试点项目运行中	初步测试结果显示技术有效，但成本高	扩大 DAC 和 BECCS 技术的应用，推动商业化

续表

国家	主要技术或项目	应用领域	主要目标	实施现状	成效	未来计划与目标
澳大利亚	BECCS、DAC 技术研究	煤电厂、生物质发电厂	减少煤电和生物质发电过程中的二氧化碳排放	正在探索 DAC 技术的应用，BECCS 试点	初步研究表明 DAC 和 BECCS 技术具有潜力，但需要进一步验证其经济性	推动技术商业化，探索大规模应用可能性，优化成本
日本	DAC 技术研究、BECCS 项目	工业设施、发电厂	减少工业和电力部门二氧化碳排放，提升碳捕获能力	试点项目和研究阶段，技术逐步应用	技术发展初期，正在进行中试和研究工作	推动技术应用，探索商业化路径，提升碳捕获效率
巴西	BECCS、DAC 研究	生物质发电厂、农业领域	利用生物质能源减少二氧化碳排放	试点项目和研究正在进行中	成功实施了小规模的 BECCS 技术，显示出良好的碳捕获效果	扩大应用范围，推动技术在更多领域的应用

　　根据模型估计的技术成本和气候政策(包括碳定价)确定最具成本效益的技术组合,其中 CDR,主要是 BECCS 方案被纳入 21 世纪下半叶的技术组合(Edenhofer,2015)。全球正在积极推进生物能源与碳捕获和储存技术方面的应用,以应对气候变化和减少碳排放(表 3.4)。美国在加利福尼亚州和伊利诺伊州开展了多个 BECCS 试点项目,旨在减少工业和电力部门的碳排放,但技术成本较高。英国的 Drax 电厂进行 BECCS 技术试点,计划大规模部署以实现碳中和目标。加拿大的 Boundary Dam 项目成功减少了电力生产中的碳排放,并计划进一步扩展应用。挪威的 Sleipner 项目是全球第一个商业化 BECCS 项目,成功储存了数百万吨二氧化碳。荷兰、德国、澳大利亚、日本、巴西和中国也在进行 BECCS 技术的研究和试点,虽然技术仍处于发展阶段,但都显示出良好的碳捕获潜力。

表 3.4　全球主要国家在生物能源与碳捕获和储存技术方面的应用

国家	主要项目或技术	应用领域	主要目标	实施现状	成效	未来计划与目标
美国	加利福尼亚州和伊利诺伊州 BECCS 项目	发电厂、工业设施	减少工业和电力部门的碳排放	多个试点项目运行,包括大规模应用的前期研究	成功捕获和储存了大量二氧化碳,技术进展迅速,但成本高	扩大 BECCS 技术的应用范围,降低成本,提升技术效率

续表

国家	主要项目或技术	应用领域	主要目标	实施现状	成效	未来计划与目标
英国	Drax 电厂 BECCS 项目	发电厂	实现碳中和发电	BECCS 技术试点运行中，计划扩大规模	初步结果表明技术有效，但需要进一步测试和优化	计划大规模部署 BECCS 技术，实现碳中和目标，推动相关政策支持
加拿大	Boundary Dam 项目	发电厂	降低电力生产过程中的碳排放	已实施并运营 BECCS 项目，效果良好	成功减少了电力生产中的二氧化碳排放，技术成熟	继续推进技术优化，扩展到更多电力和工业部门
挪威	Sleipner 项目	海上天然气处理	捕获和储存天然气开采过程中的碳	世界上第一个商业化 BECCS 项目，运行稳定	已成功储存数百万吨二氧化碳，技术验证成功	继续运营和优化技术，探索更多储存地点和方式
荷兰	Rotterdam 项目	工业设施	减少工业生产中的碳排放	进行 BECCS 技术的试点研究	初步测试结果显示技术有效，但仍需要进一步研究和优化	扩大项目规模，推动商业化应用，优化技术性能

　　未来，这些国家计划进一步优化技术、降低成本，并推动商业化应用，以实现全球减排目标。模拟情境中，2100 年 BECCS 减排量中位数约为 $1.2 \times 10^{10} \mathrm{t \cdot a^{-1}}$，相当于当前碳排放量的 25% 以上(Le Quéré et al.，2016)。Field 等(2017)认为此方案缺乏实际经验和经济学理论，如此大规模转换土地将与粮食安全和生物多样性保护相悖，可能会突破可持续土地利用的地球边界，扩大 CDR 规模将有可能妨碍土地可持续利用。与 BECCS 相比，植树造林和再造林需要更多的土地和水，碳汇量可能会饱和或逆转。除此之外，Smith 等(2016)研究发现，CRD 方案可用更少的土地捕获大气中 CO_2，但成本和耗能要比 BECCS 高得多。其他 CDR 技术是否有可能达到每年几十亿吨碳汇的规模还少有研究。有部分学者提议商业化、大规模运用 CDR 技术，但已有研究模拟发现，大量运用 CDR 会使温度达到峰值然后下降，这加大了未知风险。有研究表明，瞬时高温可能会触发不可逆影响，如冰盖不稳定、海平面大幅上升、刺激北极或亚马孙地区温室气体的大量排放(De Conto et al.，2016)。

　　作为大幅度减排的可能辅助措施，CDR 和 SRM 都不能替代温室气体减排。总体而言，CDR 是缓慢起作用的，实施后的影响时间长，难以根据实际发展情况迅速调整；SRM 未知风险较多，但是其中一些手段可以根据实际发展情况迅速调整或取消。CDR、SRM 技术在大范围内实施可以有效减缓全球变暖，但不同的干预方法会有不同的副作用和潜在风险，大幅度、快速、持续地减少温室气体排放仍然是减缓全球变暖最安全的措施。

3. 地球工程项目实施

地球工程的潜在影响是复杂而广泛的，具有高风险和未知性的特点。面对影响人类共同利益的未知领域，各国已经开启科研竞争，英美等发达国家暂时处于领先地位。部分开展的地球工程研究项目情况(截至 2019 年 11 月)如表 3.5 所示，这些项目以自然科学模拟研究为主(陈迎等，2020)。

表 3.5　部分开展的地球工程研究项目情况(截至 2019 年 11 月)(陈迎等，2020)

项目名称	项目承担国家/地区	项目经费/万美元	项目开始年份
哈佛太阳地球工程项目(SGRP)	美国	162.25	2017
地球工程模型间比较计划(GeoMIP)	美国	250.00	2008
气候与能源创新基金	美国	776.50	2008
卡内基气候地球工程治理倡议(C2G2)	美国	474.70	2017
可持续气候风险管理网络(SCRM)	美国	226.10	2012
埃米特研究所项目	美国	107.61	2017
康奈尔气候工程	美国	65.00	2015
平流层气溶胶地球工程大集合(GLENS)	美国	100.00	2015
合作研究：评估地球工程气候系统的建议	美国	69.99	2008
创新气候与能源研究基金(FICER)：MCB	美国	15.00	2010
创新气候与能源研究基金(FICER)：SRMGI	英国	10.00	2010
太阳辐射管理治理倡议(SRMGI)	英国	241.20	2010
地球工程提案综合评估(IAGP)	英国	273.85	2010
气候工程平流层粒子注入(SPICE)	英国	260.00	2010
气候地球工程治理项目(CGG)	英国	163.46	2012
欧洲气候工程跨学科评估(EuTRACE)	欧盟	159.16	2012
太阳辐射地球工程对限制气候变化的影响和风险(IMPLICC)	欧盟	117.00	2009
综合气候评估：风险、不确定性和社会(ICA-RUS)	日本	80.10	2012
气候变化风险信息计划(SOUSEI)	日本	80.00	2012
气候模式综合研究计划(TOUGOU)	日本	80.00	2017
高级可持续发展研究机构(IASS)	德国	389.96	2010

续表

项目名称	项目承担国家/地区	项目经费/万美元	项目开始年份
重点项目(SPP 1689)	德国	351.00	2013
地球工程基础理论和影响评估研究(国家重大科学研究计划项目)	中国	225.00	2015
气溶胶注入技术冷却气候：成本、收益、副作用与治理	芬兰	169.18	2011
探索气候工程的潜力和副作用(EXPECT)	挪威	130.00	2014

全球多个国家和组织在地球工程领域开展了广泛的研究与实践，其中美国主导了大多数项目，涉及总经费超过 2600 万美元，包括 2008 年启动的"地球工程模型间比较计划"(250.00 万美元)和"气候与能源创新基金"(776.50 万美元)，2017 年启动的"哈佛太阳地球工程项目"(162.25 万美元)等。英国和欧盟紧随其后，英国于 2010 年启动的"地球工程提案综合评估"(273.85 万美元)和"气候工程平流层粒子注入"(260.00 万美元)项目具有代表性；欧盟 2009 年起资助"太阳辐射地球工程对限制气候变化的影响和风险"(117.00 万美元)等研究。亚洲国家如中国和日本也积极参与，中国 2015 年启动的"地球工程基础理论和影响评估研究"(国家重大科学研究计划项目)，预算达 225.00 万美元。芬兰的"气溶胶注入技术冷却气候：成本、收益、副作用与治理"(169.18 万美元)和挪威的"探索气候工程的潜力和副作用"(130.00 万美元)展示了欧洲国家对气候工程治理和影响评估的关注。这些项目集中探讨了气候工程的理论基础、实施成本、风险治理及潜在副作用等，为应对气候变化提供了多样化的技术和管理方案。以下对部分国家实施的地球工程措施进行简单介绍。

SRM 的研究主要在美国、英国、德国和澳大利亚开展，研究进展相对缓慢。美国一直位于气候研究的最前沿，一些机构和研究组织已经探索了 SAI 的概念。美国的研究通常涉及气候建模、试验室试验及关于 SRM 潜在风险和益处的讨论，如 SAI 的潜在副作用，包括模型模拟得到的臭氧消耗风险和对区域气候模式的干扰，SAI 预估量的不确定性导致气温意外上升和过度下降。英国在气候研究和地球工程研究方面也占有重要地位，对 SAI 的研究一直通过计算机建模和小规模试验来调查 SAI 的可行性、潜在影响和道德风险。美国和澳大利亚等国家进行海洋云层增亮研究，目的是通过向大气层喷洒海水来增大云层表面的透明度，从而增亮云层，使更多的阳光反射回太空，这项技术同样有着未知性和高风险性(Horton et al.，2023)。值得注意的是，与其他地球工程技术一样，MCB 是一个正在进行的科学研究和辩论主题，在实施方面仍然存在不确定性和挑战，并可能产生意想不到的后果。

CDR 的研究也在美国、加拿大、瑞士等国家进行，一些 CDR 技术仍处于试验阶段，碳捕获技术等正在扩大规模以用于商业。在公共和私营部门倡议的推动下，美国一直处于 CDR 研究和开发的前列。美国政府支持各种 CDR 的研究计划和资金，包括直接空气捕获(机器从大气中吸收二氧化碳)、碳矿化(将二氧化碳转化为稳定矿物)、具有碳捕获和储存功能的生物能源(BECCS)。美国许多研究机构对不同的 CDR 方法进行了研究。例如，研究直接空气捕获(direct air capture，DAC)技术，使用化学过程直接从空气中捕获二氧化碳，探索碳矿化将二氧化碳转化为稳定矿物形式的潜力。此外，目前正在研究加强森林和土壤等自然生态系统的碳固存。加拿大科研人员研究如何改善森林管理，以最大程度地利用碳储存，探索海洋肥沃化等新方法，包括向海洋添加营养物质以刺激浮游植物的生长，从而增加大气中的碳吸收。瑞士认识到 CDR 在应对气候变化方面的重要性，并一直投资研究各种技术，如直接空气捕获和碳矿化、海洋碱度增强等。我国研究人员正在探索一系列技术，除了上述技术方法外，我国正在研究创新的碳捕获、利用与封存(carbon capture，utilization and storage，CCUS)方法，旨在将捕获的二氧化碳转化为有价值的产品或材料，如化学品或建筑材料，为碳去除创造额外的激励措施。在科学与技术并行之下，一些 CDR 技术如直接空气捕获已经在小范围内使用，而且人们对扩大其规模以用于商业的兴趣越来越大。DAC 被称为最有前途的二氧化碳清除技术之一，有几家公司已经在开发和测试商业规模的 DAC 设施。这些公司包括 Carbon Engineering、Climeworks 和 GlobalThermostat。与其他减排方案相比，DAC 的成本仍然相对较高，可能需要数年成本技术上的改进才能使 DAC 成为一项有竞争力的、广泛采用的技术。总之，CDR 研究是一项涉及多个国家共同努力的课题，因为应对气候变化需要集体行动和合作。世界各地的政府、研究机构和私营公司正在投资开发和推进各种 CDR 技术，以补充减排战略并努力实现气候目标。CDR 领域正不断发展，不断努力提高碳去除的效率、可负担性和可扩展性。

3.2   冰川保护地球工程

3.2.1   人工覆盖法

当冰川表面获得的能量大于释放的能量时，冰川开始融化或升华，冰川表面的这种能量收支主要受控于辐射平衡。冰川消融主要发生在夏季，以冰面消融为主，太阳直接辐射和近地层大气湍流交换是引起冰川消融的主要热源。人工覆盖法主要是通过覆盖高反照率材料来增强冰雪表面对太阳的辐射反射，从而影响其辐射平衡。

20 世纪 40～50 年代，人们就开始尝试覆盖冰川表面来减缓冰川融化，具体操作是将锯末放在瑞士少女峰一个旅游区冰洞的洞顶上，以减少旅游区冰川融化，延长旅游景区的运营时间，当然这只是冰川覆盖法的初步应用，并没有进一步的理论研究支撑。之后，全球变暖对冰冻圈的影响逐渐加深，尤其是气候变暖导致降雪稀少，雪季缩短。雪季的长短直接影响滑雪场的利益与滑雪运动的开展，全球滑雪行业正面临着严峻挑战。20 世纪末以来，阿尔卑斯山滑雪场相关机构开始积极探索通过人为干预来减缓冰川融化的方法，其中人工覆盖法成为一种备受关注的技术手段。在一些著名的冰川滑雪胜地，研究人员采用人工造雪与储雪相结合的方式，以期达到减缓冰川融化的目的(Grünewald et al.，2018)。近年来，白色土工织物作为一种有效减缓冰川融化的材料，被广泛应用于冰川表面覆盖，这种方法已经得到了详细的科学研究支持(Fischer et al.，2016)。

在选择人工覆盖法的铺设材料时，需要充分考虑材料的性能及其对冰川融化的影响。过去的研究中，研究人员尝试了多种材料，包括泡沫、锯末、木屑及不同类型的防水布和纺织布。试验结果表明，土工织物在减缓冰川消融方面表现出色，根据多项研究的结果，与未受保护的冰川表面相比，使用土工织物可以减少 50%～70% 的冰雪融化(Senese et al.，2020)。土工织物较高的保护效率与其对冰川表面能量平衡的影响密切相关(Olefs et al.，2010)。具体而言，由于土工织物具有高反照率特性，能够反射更多的入射短波辐射，从而减少用于冰雪融化的能量。此外，土工织物的隔热性能良好，能够降低湍流热通量，进一步减缓冰川消融。

人工覆盖法的具体实施操作是在覆盖作业区通过直升机或人工搬运等方式把纺织材料铺设到冰川表面(图 3.3)，然后从作业区上方逐渐向下方滚动材料，使其舒展、展平(图 3.4)，尽量不要留有褶皱。由于纺织材料具有极强的渗透性，会自动吸附冰川表面的水膜，自然主动吸附在冰川表面。相邻覆盖材料重叠 20cm 左右，用黏性材料固定，抵挡高山冰川吹向下坡的风，保持纺织材料的稳定，在边缘放置岩块并通过静态胶带和绳子固定(图 3.5 和图 3.6)。为了排除岩石对冰川反照率的影响，将其放置在与冰川表面覆盖的土工织物相同材料制成的袋子中，使其表面颜色均匀一致。为了方便冬季滑雪，通常在秋季移除土工织物，然后在来年春季冰川表面有积雪时重新安装覆盖(Senese et al.，2020)。基于冰川保护的试验开展得非常成功，奥地利、法国、德国、意大利和瑞士的十几个滑雪场越来越多地使用覆盖冰川的土工织物。

图 3.3   人工搬运纺织材料

图 3.4   人工覆盖材料铺设

图 3.5　人工覆盖胶带固定

图 3.6　人工覆盖绳子压实

　　21 世纪初以来，阿尔卑斯山冰川被土工织物覆盖的面积大幅增加(图 3.7)，2019 年达$(0.18\pm0.01)km^2$，覆盖效果显著(Senese et al.，2020)。2018 年和 2019 年，人工覆盖保护的冰量均超过 $300000m^3$。综合数据来看，土工织物减少了瑞士冰川每年总损失的 0.01%～0.04%(Huss et al.，2021)。在山区范围内，人工覆盖法对减缓冰川整体消融的影响非常小，然而在局部范围内效果相当明显(图 3.8)。覆盖区域只有 0.3m 的冰川冰融化，未覆盖区域则融化了 3.4m。同时，科研工作者提出，人工覆盖大规模推广至其他冰川的可行性还须进一步研究，因为放置在冰川表面上的土工织物可能会对当地环境和下游水质产生一系列负面影响。尽管尚未完全了解具体过程及影响范围，但土工织物风化会释放影响冰雪低温生物群的化学物质，材料降解产生的塑料颗粒可能在下游水文系统中积累，对水生生物和其他动植物产生潜在的级联效应。阿尔卑斯山冰川上的小范围试验对这些影响的评估是有限的，如果要覆盖更大的区域，则需要更广泛的环境安全评估。此外，在夏季结束的时候，为保护环境，所有的土工织物都应从冰川表面移走。由于土工织物表面寒冷，常在结冰时断裂而需要不断更新，加之土工织物的表面会沉积灰尘而变黑(图 3.9)，降低反照率，因此纺织材料无法循环利用。不管是人力、物力还是财力，山区冰川保护的成本都很高。根据学者的研究结果得出，覆盖土工织物来进一步加大冰川覆盖力度，从成本、环境、景观生态角度，是不可行的。因此，主张将

图 3.7　阿尔卑斯山冰川纺织材料保护(Sense et al.，2020)

图 3.8　阿尔卑斯山冰川在覆盖物下的保护情况(Olefs et al.，2010)

图 3.9　覆盖材料老化变黑

合理减缓冰川消融措施与理论上的大规模应用明确分开,此技术仅在濒临消失的重要冰川或冰川旅游景观推广(Huss et al.,2021)。

还有一些学者认为,全球变暖和极端天气事件是大气中温室气体增加造成的,其阻止热辐射进入大气层。如果不能减少温室气体排放,那是不是可以创造"反温室效应"来降低地表温度?解决这个问题的一个可能办法是对地球表面进行辐射冷却。在阳光照射下保持地表面凉爽,调控地球表面的辐射特性,以增加其发射或反射辐射能的能力,最好能最大限度地反射太阳能(Vall et al.,2017)。地球的大气层在 $8\sim13\mu m$ 的波长范围内相对透明,被称为"大气窗口",这个窗口允许地球发射的辐射逃逸到太空。通过在大气比较透明的波段增加发射,可以达到降温的目的,这就是辐射制冷。辐射制冷的整个过程完全依赖于辐射制冷的基本物理原理,全程被动降温,不需要任何额外的电力设备,而且白天黑夜都能自发运行。辐射制冷技术研究如今主要是探索和研发新型光功能材料,通常将材料制作加工为薄膜、涂料等形式。辐射制冷材料可以大量地反射太阳光,阻挡太阳光谱中可见光和近红外光带来的热量持续照射物体表面;能够自主辐射中红外光,通过大气窗口,把物体表面的热量以辐射的形式重新释放回外太空中,从而降低物体的温度。全球气候变暖和冰体温度升高是冰川消融的主要原因,太阳直接辐射和近地层大气湍流交换是引起冰川消融的主要热源。辐射制冷材料覆盖在冰川上可阻挡太阳直接辐射,使冰川表面温度降至低于周围环境5℃,这为自然条件下实施冰川保护奠定了技术基础。

3.2.2　人工增雪补冰法

1. 人工增雪法

从本质来讲,人工增雪法主要是增加冰雪总质量,增加冰川消融消耗的冰川物质总量来减缓冰川消融。从原理来讲,可分为以下几种:①人工干预自然降水过程,增加冰川区降雪;②人工收集或者制造雪,然后将雪转移到冰川上,以补充冰川消融的损耗;③对冰川融水进行二次利用,将冰雪融水收集起来培育为新的冰体;④直接增加冰川上的固体水资源,将水资源直接补充到冰川。以下是对四种物质积累方法的具体介绍。

21世纪初,Vadret Pers 冰川长时间降雪引起了科研人员的注意。当时来自西北的冷锋和长时间序列降水使大量的积雪沉积在 Vadret Pers 冰川上,科研人员分析了降雪(雨)对冰川消融的影响。降雪期间,两个气象站在冰川区的气象记录为分析降雪对冰川表面物质平衡的影响提供了良好的数据支持。Oerlemans 和 Klok(2004)通过气象数据得知此次降雪事件使得 Vadret Pers 冰川末端消融区(海拔 $2100\sim2640m$)的积雪厚度增加 $20\sim40cm$。研究表明,固态降水量随海拔高度增加呈线性增长,在海拔3100m以上,物质平衡的变化等于降雪量,也就是说,高海拔地区冰川本身的消融量很小甚至不会消融。此外,研究人员使用空间分辨率为20m的能量平衡模型分析了降雪事件对整个冰川的影响,以及此次降雪具体减缓了多少冰川融化。根据模型模拟结果,沉积在冰川上的积雪总量估计为 224mm w.e.,计算出的冰川净物质平衡为354mm w.e.,换而言之,Vadret Pers 冰川夏季降雪事件的效果相当于平均气温降低 0.5℃。Oerlemans 等(2017)基于 2014 年的研究提出了一个非常具有先进性的想法,是否可以运用人工增雪减缓冰川退缩趋势? 具体是基于瑞士 Vadret da Morteratsch 冰川进行大规模人工造雪,减少整个山谷冰川的物质损失。他认为,大范围尺度内可以通过在冰川表面冻结水或人工雪的沉积来增加冰川物质积累,降雪改变了地面反照率从而减少了表面可用于融化的能量。这一理念不同于前文所述的局域小规模干预措施,带来的是更广泛的生态环境效益,而不仅仅是减缓区域小范围冰川的消融。然而,该想法因受气象条件限制与基础设施不完善而未成功实施。

一般来说,人工增雪可以增加大约20%的固态降水量,在高山高寒地区,人工增雪能增加 30%～40%的固态降水量。高山高寒地区的温度普遍较低,水汽容易达到饱和状态,雪晶比雨滴更容易形成。只要人工给大气增加一些结晶核,就比较容易促进降雪。人工增雪通过播撒人工冰核和吸湿性核来达到预期目的,主要是运用飞机、高炮、火箭等运载工具或利用有利地形抬升气流,将 AgI 等催化剂送入云中适当位置进行播撒,以实现人工增雪。科研人员在研究天然固体降水减缓冰川消融时,意识到人造雪可能也可以减缓冰川消融。人造雪指人为地通过一定的设备或物理、化学手段,将水(水汽)变成雪花或类似雪花的过程,也可以指收集风吹雪、技术上产生的雪和雪崩堆积的雪。通过建立雪库储存,在夏季消融期把储存的雪或造雪机制造的雪安置到冰川上面,或者直接利用造雪机在冰川上造雪,人工增加冰川积雪积累。从本质上看,人造雪和自然雪是相同的,但自然雪密度约为 328kg $\cdot$ m^{-3},人造雪密度约为 856kg $\cdot$ m^{-3},人造雪的密度更大,这意味着在相同条件下,同体积人造雪比自然雪融化慢。因此,将人造雪安置在冰川表面,符合自然降雪的效果,并且在一定程度上增加了冰川积累,以延缓冰川消融。

关于人在一定程度上造雪减缓冰川消融缺少实地观测研究,只有模型的模拟结果。Oerlemans 等(2017)运用能量平衡模型模拟了 Vadret da Morteratsch 冰川在有人造雪覆盖下的退缩消融情况,研究 Vadret da Morteratsch 冰川距冰川末端 3～4km处(面积约 0.8km^2)在夏季持续被人造雪覆盖时冰川的未来发展变化趋势。根据模型模拟结果,人造雪可以将冰川末端衰退的时间延迟 10a 左右。Vadret da Morteratsch 冰川 2028 年起末端位置会趋于稳定,冰川物质平衡逐渐开始呈正平衡状态,长度、面积逐渐增大。在气候没有变化的情况下,2080 年的平衡冰川长度为 5.7km,接近 21 世纪初的冰川长度。当假定气温升高速率为 0.022K $\cdot$ a^{-1} 时,人造雪的存在会将冰川末端稳定到 2050 年左右，2050 年以后，冰川会再次退缩。到 2100 年，冰川长度等于没有气候变化和人造雪情况下的冰川长度。2100 年有雪和无雪情况下的冰川长度差异通常为 0.8km。根据模拟结果得出，在 Vadret da Morteratsch 的消融区，人造雪覆盖 0.8km² 对长期冰川末端有显著影响。

如果未来 80a 内温度进一步上升约 3.5℃，气候变暖将对 Vadret da Morteratsch 冰川的未来演变具有更显著的影响。Oerlemans 等(2017)模拟研究发现，如果气温上升 3.5℃，将导致 Vadret da Morteratsch 冰川进一步大幅退缩。在 2050 年，冰川末端将退缩 2km，形成冰湖，之后将进入一个快速退缩的阶段。该模型预测，2090 年冰川末端将退缩 3.5km。如果用人造雪覆盖冰川，冰川退缩率将减半，2070 年冰川末端退缩 1km，也不会形成冰湖。2090 年将分裂成两个小冰川，其末端位置与没有人造雪的冰川末端位置相同，但夏季难以降雪且温度很高，会严重影响积雪的持续覆盖。Oerlemans 等(2017)在人造雪覆盖冰川的情境下，通过模型模拟证明了人造雪可能有助于减少冰川退缩，缓解冰川对气候变暖的响应成为可能。同时也说明，人造雪在冰川上沉积可以对冰川的未来演化产生重大影响，当然在此之前需要 10a 的时间，积雪才会开始在冰川末端位置上发挥作用。

此外，各国冰川滑雪场为延长滑雪季，开始常年运用造雪法减缓冰川积雪消融。例如，法国的滑雪场每年需要利用 1900 万 m³ 的水生产人造雪，分布斜坡面积约 53km²，并逐渐扩展以保持夏季的可操作性。例如，在阿尔卑斯山滑雪场，管理者向冰川上的造雪系统投资了 80 万欧元用于提高造雪效率，延缓冰川雪道的消融速率。

2. 人工冰库法

面对水资源短缺的情况，不少国家或地区开始逐步改善水资源管理机制，改进水资源综合管理策略和技术。例如，在喜马拉雅山脉、喀喇昆仑山脉和兴都库什山脉这三大山脉的交汇处，印度北部山区的人们每年都要培育新的冰体，也称人工冰库，为夏季提供水源。自然冰川的形成需要三个条件：降雪、低温和时间。首先，大量的固态降水(雪)降落并堆积；其次，低温确保雪能积累起来，保证一年都不融化；最后，在接下来的数年、数十年，甚至是更长的时间，积雪的自身压力将积雪层转变为密实的冰川。人工培育冰川先将两个小冰川或者冰体用水和积雪链接起来，随后用木炭、麦壳、布或柳树枝将它们覆盖，每年随着自然降雪的积累而增长。随积雪不断沉积转变成冰川，其被作为固态储备水源。

随着科技的进步，人工培育冰体开始发展成为大型工程系统，所能提供的水资源可以为一个村庄或同一山谷中的几个村庄服务。值得注意的是，工程选址须位于朝北的山谷中，或是阴凉的山谷，提供足够阴凉低温的环境。另外，人工培育冰体的施工地必须离村庄足够近，以便维护操作并且使农业运作高效利用融水

(Norphel et al.，2015)，理想情况下，该距离应小于 1 英里(1 英里≈1609.34m)。工程施工之前须考虑冰川融水峰值期间的可用水量、下游沿线为冰雪融水提供冻结的阴影面积、日出和日落的时间、坡度 20°～30°的大片无障碍区域的可操作性(Norphel et al.，2015)。

拉达克位于喜马拉雅山脉的雨影区，每年的平均降水量少于 10cm，大多数村庄面临严重旱灾。随着喜马拉雅山脉冰雪固态淡水资源减少，特别是在 4 月和 5 月的种植关键季节，河流干枯，农业灌溉极度缺水。到 6 月中旬，由于山区的积雪和冰川迅速融化，容易暴发洪灾，因此当地居民着手培育他们自己的"冰川"，为夏季提供水源，作为应对不确定因素的确保措施。从 1987 年开始，该地区使用人工冰体技术，通过建造一条由干石墙制成的河道，穿过山坡到冰川末端，将冰雪融水引流到指定区域。融水到达下游后，汇集到指定区域储存，然后在冬季冻结成冰。来年春天人造冰川融化，并在适当的时间为村民提供生产生活用水(Clouse et al.，2017)。人工冰体技术已经在该地区运行了多年，并且还在持续运行。根据喜马拉雅西北部列城(拉达克地区)27 个村庄 675 户家庭收集的原始数据和信息，61.18%的人口利用人工冰体提供的水源，可以满足他们的生活与农业用水(Norphel et al.，2015)。人工冰体使得农业灌溉得到改善，77.56%贫困小农户的粮食安全得到了保证，31%的家庭生活质量提高，近 60%的小农家庭季节性移徙有所减少。这一技术方法已传播到其他干旱缺水地区，这些地方的居民面对缺水难题，创造出了本土化的人工冰川，并运用它们来应对现代水资源短缺的难题。瑞士利用当代的冰体培育技术，于 2016 年在瑞士阿尔卑斯山脉培育出了第一座人工冰体。

面对冰川的不断消融退缩，这种灌溉基础设施使农民能够更加合理高效地用水，维持自给自足的特色耕作方式(Sudan et al.，2015)。人工培育的冰川有一个明显的缺陷，那就是只能为气候变暖导致的水资源短缺提供临时解决方案(Dar et al.，2019)。人工冰体只能在冰川存在的情况下缓解下游水资源短缺的危机；另外，人工冰体故障频发，最常见的包括岩石崩塌、泥石流侵蚀且灾后缺乏维护，这些现象可能导致河道破坏、引水渠水量减少、储水区被碎屑填满等一系列难题。

3. 人工注水法

人工注水是指在冬季或者是非消融季通过管道运输或者人工搬运的方式把水送到冰川上，通过喷淋装置或者其他方式把水均匀地注射在作业区。为了达到最有效的物质增益，实施作业必须是在非消融期或气温较低时，这会使大部分注入冰川的水在作业区的积雪内或下面的冰上重新冻结。注入的水量必须考虑毛细张力的最佳吸收，每体积最大含水量与雪粒大小成反比，细粒雪(粒径小于 0.0005m)每体积最大含水量为 10%,粗粒雪每体积最大含水量(颗粒直径大于 0.001m)为 5%。

人工注水法的具体操作：在 10 月至次年 5 月的夜间(此时是非消融期气温较低的时段)，利用输水管道或者人力运输将水送到冰川消融区，然后工作人员在冰川积雪表面利用喷洒注射装置在压力作用下向冰川注水。每隔 0.2m 手动将水注射在积雪内部，当积雪内充满水时，注水位置会发生相应变动。一次注射完毕后，每隔一段时间重新进行。注水可以使冰川中的液态水渗入和重新冻结，以增加物质总量。冰川间隙同时也会由于水的渗入与凝结而减小，与外界空气流动和热量交换减少，从而可能减缓冰川积雪消融。

Olefs 等(2008)于 2005 年 2 月 23 日至 2005 年 4 月 20 日采用注水措施开展了减缓冰川消融试验研究，向阿尔卑斯山 Schaufelferner 冰川表层覆盖的积雪中累计注入了 12 次水，每次用水 2300L，在总面积为 104km^2 的试验场注水 27600L，并在垂直雪剖面测量了注水前后的温度、密度和雪水当量，记录了注水对雪特性的影响。计算得出，试验区单位面积平均增加 22.1～24.1L·m^{-2}。第一次使用注水装置之前和之后测得的雪水当量为 631.8kg·m^{-3} 和 654.9kg·m^{-3}，证实了注水可以增加冰川质量。第 8 次注入后挖掘的积雪剖面表明，注入水后冰面变化明显，测得的雪水当量为 788.9kg·m^{-3}。此外，结果显示了注水前后雪层内部温度变化，其最低温度为-17.3℃，最高温度为-6.5℃；注水后积雪下部和中部立即升温，温度从注前的-6.5℃升高为 0℃。1d 后，冰面上部和下部已达到初始注射前温度，中部温度上升了 5℃，表明注水后热量向低温方向(朝向表面)释放，释放的热量朝着较低温度(表面)的方向传导，这将加热表面，最后能量可以通过表面的长波发射有效地消散。由于气象条件复杂，必须实时协调使用注水设备，这对高频率操作注射应用尤其重要。试验末期，Olefs 等(2008)发现通过高频率的注水，注水试验区与未注水参考区相比，积雪消融仅仅延缓了 3d，所以这种短时间的延迟或者减缓消融效果对冰川消融期结束时的总消融量并没有产生明显的影响。基于上述研究，该类方法并没有像覆盖或人工增雪方法那样大范围普及，且研究结果显示，在对比试验中使用注水法没有实现净物质增加，且注水法需要依赖大量的人力物力，工作周期较长，不适合在山地冰川实施，只适合在具有滑雪场的低海拔冰川实施，从效果和成本来看，此法不具有普适性。

3.2.3　其他措施

冰川急剧消融退缩的潜在影响体现在冬季冰川径流量显著增加，春季冰川融水峰值时间明显提前，夏季冰川径流量呈减少趋势。毋庸置疑的是，在 21 世纪末，大多数区域的冰川径流量将会在达到峰值之后持续减少，径流量减少将降低区域农业的灌溉能力，水力发电也会受到冰雪融水量和季节性变化的影响。针对冰川融水供给是否具有可持续性这一问题，国内外根据实际情况采取了一些工程措施或模拟工程措施的有效性。

　　针对全球气候变化带来的水安全风险及干旱区面临的资源型缺水、工程型缺水等问题，要打好蓄水基础，用好调水补充，探索增水途径，优化水安全格局。在蓄水方面，加快山区重大控制性水利工程建设，以取代冰川这一天然"固体水库"，对下游河水量进行调节，提升水资源调蓄和保障能力，切实解决区域性、季节性和工程性缺水问题；在节水方面，不断推进技术革新，进一步提升水资源生产效率，优化产业用水结构，大力推广农业高效节水技术；在调水方面，基于"空间均衡"治水理念，加快流域间和区域外调水研究，突破资源型缺水瓶颈；在增水方面，积极开展人工影响天气研究，实施山区人工增水，增强山区流域的蓄水养源能力。从蓄水、节水、调水和增水等方面，全面加强和提升水资源管控和调配能力，为经济社会高质量发展和生态安全提供水资源保障。新疆河流主要依靠山地降水和高山冰雪融水补给，其中天山北坡、南坡和昆仑山北部的冰川融水量分别占河流径流总量的31.8%、33.7%和56.3%(陈亚宁，2014)。随着气温升高，尤其是山区气温异常升高，在冰川面积小、海拔较低的流域，冰川退缩和积雪消融加剧，打破了冰冻圈物质平衡，冰川消融出现变化拐点，造成固体水资源和冰川融水补给量锐减，对河流的调节功能下降，地表径流的稳定性降低，此类问题终将掣肘新疆的发展。因此，新疆全力推进重大引调水、蓄水工程建设，切实解决区域性缺水问题，提升水安全保障能力。2015 年底，吐鲁番山区上游处开始修建大河沿水库，工程可将发源于博格达山的大河沿河水引入下游，保障吐鲁番市高昌区 10 万亩 $(1 亩 ≈ 666.67 m^2)$ 农田用水、工业用水。此外，新疆实施塔里木河干流向开都-孔雀河"以丰补枯"，2022 年完成调水 5.5 亿 m^3，超计划调水 2.7 亿 m^3，农业灌溉、生态补水受益面积分别达 38 万亩、27 万亩。截至 2022 年底，新疆水库总数达 671 座，总蓄水量 121.34 亿 m^3，累计供应农业用水 542.7 亿 m^3，生态补水 367 亿 m^3。

　　此外，设立冰川保护区。全球冰川保护工作开展时间和区域分布体现了不同国家和地区对冰川及其生态系统保护的重视。这些保护区涵盖了高山、极地及生态敏感区，旨在应对气候变化和生态破坏带来的挑战。例如，我国 1984 年建立玉龙雪山冰川省级自然保护区，先后建立了三江源国家公园和四川达古冰川国家地质公园，保护多样化的冰川和高山生态系统。尼泊尔的萨加玛塔国家公园(1976 年)和巴基斯坦的中央喀喇昆仑国家公园(1993 年)专注于喜马拉雅山脉和喀喇昆仑山脉冰川资源的保护。欧洲瑞士阿莱奇自然保护区(1933 年)和挪威约斯特谷冰川国家公园(1991 年)，主要保护阿尔卑斯及北极圈冰川。美洲地区，阿根廷的佩里托莫雷诺冰川保护区(1937 年)和加拿大贾斯珀国家公园冰川保护区(1907 年)致力于维护冰川及周边生态系统的平衡。此外，南极冰川保护区依据 1959 年《南极条约》成立，专注于保护全球最极端地区的冰川及其生态。基于不同区域和保护目标，这些冰川保护区共同推动了全球冰川生态系统的稳定与可持续发展(表 3.6)。冰川消融所需的能量主要来自太阳的短波辐射，冰川对短波辐射的吸收主要取决于冰川表面的反照率，反照率越大，冰川吸收的能量越少，反之亦然。因此，提高冰面反照率是减缓冰川消融的重要手段，目前已提出的多数冰川保护方案便是基于这一原理。保护冰川区生态环境，包括限制放牧、修路、建设等，可以减少风尘物质在冰川上的沉降，以增加冰面反照率，减少消融。

表 3.6   全球冰川保护区

国家/地区	冰川保护区名称	设立年份	冰川保护目标
中国	三江源国家公园	2021	保护长江、黄河、澜沧江源头的冰川和高山生态系统
中国	羌塘国家级自然保护区	2000	保护念青唐古拉山、羌塘高原、唐古拉山、昆仑山等众多山系生态资源
中国	新疆天山一号冰川保护区	2014	保护天山冰川
中国	玉龙雪山冰川省级自然保护区	1984	保护冰川、雪山和高山生态系统
中国	四川达古冰川国家地质公园	2018	冰川、珍稀动植物资源等资源
尼泊尔	萨加玛塔国家公园(珠穆朗玛峰)	1976	保护珠穆朗玛峰地区的冰川及其生态环境
巴基斯坦	中央喀喇昆仑国家公园	1993	保护喀喇昆仑山冰川群，改善区域生态系统的稳定性
瑞士	阿莱奇自然保护区	1933	保护阿尔卑斯山最大的冰川，维持区域性水资源供应
智利	托雷德裴恩国家公园	1959	保护南美洲冰川和冰原，维持生物多样性
阿根廷	佩里托莫雷诺冰川保护区	1937	保护巴塔哥尼亚地区的冰川，维持生态系统平衡
加拿大	贾斯珀国家公园冰川保护区	1907	保护加拿大落基山脉的冰川和周边生态系统
美国	冰川湾国家公园	1925	保护阿拉斯加冰川及其生态系统
挪威	约斯特谷冰川国家公园	1991	保护欧洲大陆最大的冰川，维持高山生态系统
格陵兰	东北格陵兰国家公园	1974	保护格陵兰的冰川及其极地生态环境
新西兰	库克山国家公园	1953	保护南岛的冰川与其周边生态系统
冰岛	瓦特纳冰川国家公园	2008	保护冰岛最大冰川瓦特纳冰川，维持其生态环境
秘鲁	乌鲁班巴冰川保护区	1975	保护安第斯山脉的冰川和高山生态系统

续表

国家/地区	冰川保护区名称	设立年份	冰川保护目标
格鲁吉亚	卡兹别克冰川国家自然保护区	1979	保护高加索地区的冰川资源及其生态系统
挪威	斯瓦尔巴群岛自然保护区	20 世纪初期	保护北极圈内的冰川及其独特生态系统
俄罗斯	贝加尔湖冰川国家公园	20 世纪70 年代	保护贝加尔湖周边的冰川及其独特生态环境
塔吉克斯坦	塔吉克国家公园	1992	保护帕米尔高原的冰川和水资源，减少气候变化影响
印度	根戈德里国家公园	1989	保护喜马拉雅山脉的冰川及其生态系统
蒙古	马尔钦峰阿尔泰塔万博格德国家公园	20 世纪左右	保护蒙古阿尔泰山脉的冰川及周边生态
芬兰	拉普兰冰川国家公园	1956	保护北极圈内的冰川和极地生态系统
南极洲	南极冰川保护区(通过《南极条约》)	1959	保护南极大陆的冰川及其极地生态系统

　　这些保护区通过法律法规和国际条约的框架，维持冰川的生态平衡和水资源供应，并减少冰川消融对环境和人类社会的影响。冰川保护区在应对气候变化、生态旅游、科研合作等方面都取得了显著进展，同时提高了全球对冰川保护的重视。2023 年，《青藏高原生态保护法》施行，提出国务院有关部门和青藏高原县级以上地方人民政府应当建立健全青藏高原雪山冰川冻土保护制度，加强对雪山冰川冻土的监测预警和系统保护。青藏高原省级人民政府应当将大型冰帽冰川、小规模冰川群等划入生态保护红线，对重要雪山冰川实施封禁保护，采取有效措施，严格控制人为扰动。

参 考 文 献

陈亚宁, 2014. 中国西北干旱区水资源研究[M]. 北京: 科学出版社.

陈迎, 沈维萍, 2020. 地球工程的全球治理: 理论, 框架与中国应对[J]. 中国人口资源与环境, 30(8): 1-12.

胥执强, 荆海亮, 阿丽旦, 等, 2018. 吉木乃县萨吾尔山区设置地面烟炉的可行性及布设位置研究[J]. 农业与技术, 38(4): 234-235.

CLOUSE C, ANDERSON N, SHIPPLING T, 2017. Ladakh's artificial glaciers: Climate-adaptive design for water scarcity[J]. Climate and Development, 9(5): 428-438.

DAR S R, NORPHEL C, AKHOON M M, et al., 2019. Man's artificial glacier: A way forward toward water harvesting for pre and post sowing irrigation to facilitate early sowing of wheat in cold arid Himalayan deserts of Ladakh[J]. Renewable Agriculture and Food Systems, 34(4): 363-372.

DECONTO R M, POLLARD D, 2016. Contribution of Antarctica to past and future sea-level rise[J]. Nature, 531(7596):

591-597.

DUAN L, CAO L, BALA G, et al., 2018. Comparison of the fast and slow climate response to three radiation management geoengineering schemes[J]. Journal of Geophysical Research: Atmospheres, 123(21): 11980-12001.

DYKEMA J A, KEITH D W, KEUTSCH F N, 2016. Improved aerosol radiative properties as a foundation for solar geoengineering risk assessment[J]. Geophysical Research Letters, 43(14): 7758-7766.

EDENHOFER O, 2015. Climate Change 2014: Mitigation of Climate Change[M]. Cambridge: Cambridge University Press.

FEINGOLD G, GHATE V P, RUSSELL L M, et al., 2024. Physical science research needed to evaluate the viability and risks of marine cloud brightening[J]. Science Advances, 10(12): eadi8594.

FIELD C B, MACH K J, 2017. Rightsizing carbon dioxide removal[J]. Science, 356(6339): 706-707.

FISCHER A, HELFRICHT K, STOCKER-WALDHUBER M, 2016. Local reduction of decadal glacier thickness loss through mass balance management in ski resorts[J]. The Cryosphere, 10(6): 2941-2952.

GRÜNEWALD T, WOLFSPERGER F, LEHNING M, 2018. Snow farming: Conserving snow over the summer season[J]. Cryosphere, 12: 385-400.

HORTON J B, BRENT K, DAI Z, et al., 2023. Solar geoengineering research programs on national agendas: A comparative analysis of Germany, China, Australia, and the United States[J]. Climatic Change, 176(4): 37.

HUSS M, SCHWYN U, BAUDER A, et al., 2021. Quantifying the overall effect of artificial glacier melt reduction in Switzerland, 2005-2019[J]. Cold Regions Science and Technology, 184: 103237.

IRVINE P, EMANUEL K, HE J, et al., 2019. Halving warming with idealized solar geoengineering moderates key climate hazards[J]. Nature Climate Change, 9(4): 295-299.

LATHAM J, BOWER K, CHOULARTON T, et al., 2012. Marine cloud brightening[J]. Philosophical Transactions of the Royal Society A: Mathematical, Physical and Engineering Sciences, 370(1974): 4217-4262.

LE QUÉRÉ C, ANDREW R M, CANADELL J G, et al., 2016. Global carbon budget 2016[J]. Earth System Science Data, 8(2): 605-649.

NORPHEL C, TASHI P, 2015. Snow water harvesting in the cold desert in Ladakh: an introduction to artificial glacier[M]//NIBANUPUDI H K, SHAW R. Mountain Hazards and Disaster Risk Reduction. Tokyo: Springer Japan.

OERLEMANS J, HAAG M, KELLER F, 2017. Slowing down the retreat of the Morteratsch glacier, Switzerland, by artificially produced summer snow: A feasibility study[J]. Climatic Change, 145(1): 189-203.

OERLEMANS J, KLOK E J L, 2004. Effect of summer snowfall on glacier mass balance[J]. Annals of Glaciology, 38: 97-100.

OLEFS M, FISCHER A, 2008. Comparative study of technical measures to reduce snow and ice ablation in Alpine glacier ski resorts[J]. Cold regions science and technology, 52(3): 371-384.

OLEFS M, LEHNING M, 2010. Textile protection of snow and ice: Measured and simulated effects on the energy and mass balance[J]. Cold Regions Science and Technology, 62(2-3): 126-141.

POPE F D, BRAESICKE P, GRAINGER R G, et al., 2012. Stratospheric aerosol particles and solar-radiation management[J]. Nature Climate Change, 2(10): 713-719.

REYNOLDS J L, 2021. Is solar geoengineering ungovernable? A critical assessment of governance challenges identified by the Intergovernmental Panel on Climate Change[J]. Wiley Interdisciplinary Reviews: Climate Change, 12(2): e690.

ROBOCK A, OMAN L, STENCHIKOV G L, 2008. Regional climate responses to geoengineering with tropical and Arctic SO_2 injections[J]. Journal of Geophysical Research: Atmospheres, 113(D16): 1-32.

SENESE A, AZZONI R S, MARAGNO D, et al., 2020. The non-woven geotextiles as strategies for mitigating the impacts of climate change on glaciers[J]. Cold Regions Science and Technology, 173: 103007.

SMITH P, DAVIS S J, CREUTZIG F, et al., 2016. Biophysical and economic limits to negative CO_2 emissions[J]. Nature Climate Change, 6(1): 42-50.

SOROOSHIAN A, ANDERSON B, BAUER S E, et al., 2019. Aerosol-cloud-meteorology interaction airborne field investigations: Using lessons learned from the U.S. west coast in the design of ACTIVATE off the U.S. east coast[J]. Bulletin of the American Meteorological Society, 2019, 100(8): 1511-1528.

SUDAN F K, MCKAY J, 2015. Climate adaptation and governance and small-scale farmers' vulnerability through artificial glacier technology: Experiences from the cold Desert of Leh in North-West Himalaya, India[M]//SHRESTHA S, ANAL A K, SALAM P A. Managing Water Resources Under Climate Uncertainty: Examples from Asia, Europe, Latin America, and Australia. Cham: Springer.

VALL S, CASTELL A, 2017. Radiative cooling as low-grade energy source: A literature review[J]. Renewable and Sustainable Energy Reviews, 77: 803-820.

第4章

人工覆盖减缓冰川消融试验

◀◀◀

4.1 天山乌鲁木齐河源1号冰川

天山乌鲁木齐河源1号冰川是乌鲁木齐市最重要的水源地之一，当地政府保护该冰川的愿望十分迫切，新疆乌鲁木齐县气象局在该地区已经架设了数个人工增雪碘烟炉。同时，该冰川是中国科学院天山冰川观测试验站长期监测的冰川，可以大力依托该站的后勤保障，因此该冰川适于推广覆盖光热阻隔物的技术。

4.1.1 试验区概况

天山乌鲁木齐河源1号冰川(43°07′30″N，86°49′30″E)位于我国天山中段乌鲁木齐河源，亚洲中部中心地带；2021年面积为1.67km^2，长度约2km，东北朝向，由东、西两支组成(1993年完全分离)(图4.1)，为大陆性冰斗-山谷冰川，属于典型的夏季积累型冰川，大陆性气候显著(Li et al.，2011)，降水主要来源于西风输送的水汽(Han et al.，2006)。大约78%的年降水发生在5~8月(夏季)，以固态降水为主(Yue et al.，2017)。在冬季，该地区受到西伯利亚反气旋环流的影响(Mölg et al.，2014)，产生低温和少量降水。1959年以来，大西沟气象站记录了乌鲁木齐河流域的气候状况，1959~2021年的平均气温为-4.8℃。1980年以来，气温呈现明显上升趋势，如图4.2所示。具体而言，1980~1999年气温增加率达到了0.6℃·(10a)$^{-1}$($p<0.05$)，2000~2021年气温增加率为0.5℃·(10a)$^{-1}$($p<0.05$)。1959~2021年平均降水量为465mm。1980年之前的平均降水量为436mm，呈现下降趋势(-1.23mm·a^{-1})。1980~2000年，平均降水量增加至454mm，表现出显著的增加趋势，增加率为8.33mm·a^{-1}($p<0.05$)。2000年以后，平均降水量明显增加，超过了1980年之前的水平(图4.2)。气候条件决定了乌鲁木齐河源1号冰川的消融和积累主要发生在5~8月，其他月份的积累则很弱。

图 4.1　天山乌鲁木齐河源 1 号冰川全貌

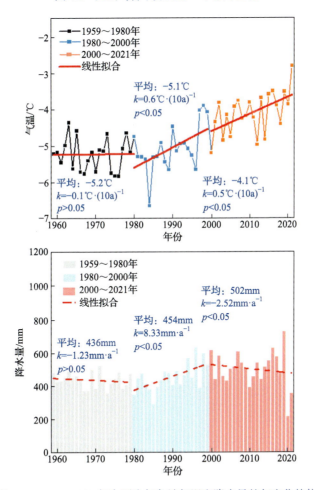

图 4.2　1959～2021 年大西沟气象站气温和降水量的年变化趋势

　　该冰川海拔为 3743～4484m,覆盖全国和天山地区冰川的平均海拔范围(分别为 3974～4321m 和 3820～4245m)。中国科学院天山冰川观测试验站 1959 年以来对 1 号冰川进行了系统的冰川学观测。1980～2008 年,该冰川经历了两次大的加速消融过程(Li et al., 2011)。1985 年前后,冰川消融速度加快,出现第一次加速消融过程。20 世纪 90 年代中期至今,是冰川的第二次加速消融退缩过程,较第一次更为显著和强劲。在经历了两次加速消融退缩过程后,1 号冰川的面积由 1962 年的 1.950km² 缩小至 2018 年的 1.521km²(缩小约 22%),形态上由一条宽尾冰川在 1993 年分裂为两条独立的冰川。1959～2021 年,年平均物质平衡线高度为 4080m a.s.l.(a.s.l.全称为 above sea level,表示以海平面为基准的高度),年物质平衡线高度呈现上升趋势(图 4.3)。1980～2022 年,东支和西支的年平均物质平衡线高度分别增加了 193m 和 282m。2021 年,1 号冰川平衡线高度为 4275m a.s.l.(东支为 4200m a.s.l.,西支为 4350m a.s.l.)。1959～2021 年,冰川的年均物质平衡为(−0.40±0.01)m w.e.。值得关注的是,1980 年以来冰川物质损失加剧(图 4.3)。具体而言,1959～1980 年的平均物质平衡为(−0.06±0.01)m w.e.,1980～2021 年的平均物质平衡达(−0.52±0.01)m w.e.。

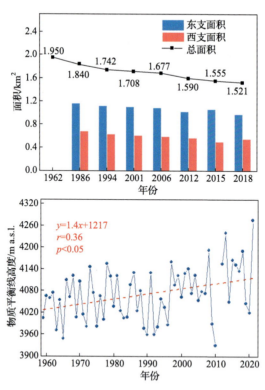

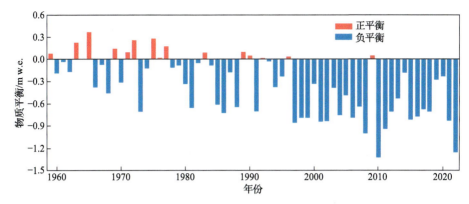

图 4.3　天山乌鲁木齐河源 1 号冰川面积、物质平衡线高度和物质平衡的年变化趋势

4.1.2　试验设计及结果分析

1. 铺设方案及观测方法

为减缓冰川退缩，中国科学院天山冰川观测试验站在乌鲁木齐河源 1 号冰川末端进行了初步试验，试验时间为 2021 年 6 月 24 日～8 月 28 日，在海拔 3800～3900m 处铺设了纳米纤维材料和两种类型的土工织物(图 4.4)。安装时，纳米纤维材料和土工织物的面积分别为 100m² 和 350m²。土工织物有两种类型，面积分别为 200m² 和 150m²。在覆盖材料区域周围布设花杆，以进行物质平衡观测。为了绘制材料覆盖区域的范围，依靠地面三维激光扫描仪(terrestrial three-dimensional laser scanning，TLS)和无人机观测获得高分辨率影像。6 月 24 日，采用地面三维激光扫描仪扫描冰川东支；8 月 28 日，无人机观测的东支末端海拔为 3740～3830m。因此，计算高程变化时采用两个观测日期之间的海拔范围。此外，还记录了试验期间的气温和降水量，并测量了冰川和积雪表面、覆盖材料在波长 325～1075nm 的反照率。

定量评估人工措施减缓冰川消融的实施效果十分重要。通过对比实施人工措施前后冰川物质平衡的变化，可以定量评价冰川消融量。物质平衡的计算方式有两种：一种是在冰川相关位置布设花杆，之后测量其高度变化，确定观测点的物质平衡，然后通过插值方法计算物质平衡；另一种是依靠地面三维激光扫描仪或无人机，将两期冰川高程差值作为其体积变化，结合密度折算出物质平衡。

冰川学方法：2021 年 6 月 24 日～8 月 28 日，在乌鲁木齐河源 1 号冰川东支两种土工织物和纳米纤维材料周围的冰川表面布设 3 个新花杆。试验地点周围有 5 个花杆，用于 1 号冰川的长期物质平衡测量。观测内容包括花杆在冰川表面以上的垂直高度、附加冰的厚度、每个雪坑的积雪层厚度和密度。单点物质平衡可以表示为(Wang et al.，2017)

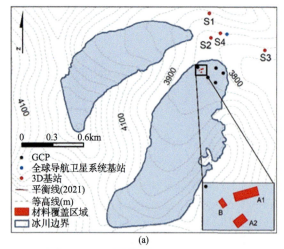

(a)

(b)

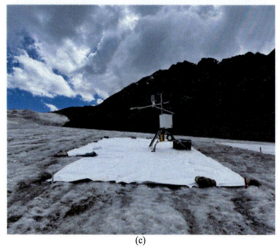

(c)

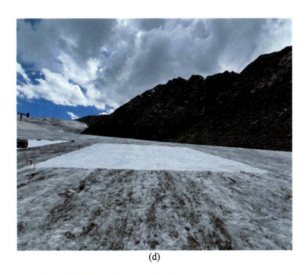

(d)

图 4.4　天山乌鲁木齐河源 1 号冰川开展的人工覆盖法减缓冰川消融试验

(a) 试验区位置，A1 和 A2 为土工织物覆盖区域，B 为纳米纤维材料覆盖区域，GCP 为地面控制点；(b) 天山乌鲁木齐河源 1 号冰川东支照片(拍摄于 2021 年 7 月 11 日)；(c) 纳米纤维材料保护区域(拍摄于 2021 年 6 月 24 日)；(d)土工织物保护区域(拍摄于 2021 年 6 月 24 日)

$$b_n = b_s + b_{ice} + b_{si} \tag{4-1}$$

式中，b_s、b_{ice} 和 b_{si} 分别是雪、冰川冰和附加冰的物质平衡。在不考虑系统不确定性的情况下，冰川学物质平衡的不确定性为±0.2m w.e.。

大地测量法：2021 年 6 月 24 日，使用 Riegl VZ-6000 地面三维激光扫描仪对乌鲁木齐河源 1 号冰川东支进行了第一次测量；2021 年 8 月 28 日，使用大疆精灵 4 RTK 拍摄乌鲁木齐河源 1 号冰川消融区(图 4.5)。由于测量技术不同，地面三维激光扫描仪和无人机获取的数字高程模型(DEM)之间可能存在水平和垂直误差。因此，在计算高程变化之前，需要对两个 DEM 进行校正(Nuth et al.，2011)。鉴于无人机 DEM 的分辨率高，选择非冰川区一些可识别的基岩和大石头作为参考，对地面三维激光扫描仪 DEM 进行校正。在进行相对校正后，根据 DEM 栅格差值获得大地测量物质平衡：

$$B_{geod} = \frac{\Delta V}{S} \times \frac{\rho_{ice}}{\rho_{water}} \tag{4-2}$$

式中，ΔV 为总体积变化；S 为冰川面积；ρ_{water} 为水的密度；ρ_{ice} 为冰的密度(Zemp et al.，2013)。在物质平衡观测期间，只有裸冰融化，因此研究中保守地使用冰的密度。

为了评估不同覆盖材料减缓消融的机制，采用分析光谱设备 FieldSpec Handheld 2 便携式地物光谱仪测量了冰、雪、两种土工织物和纳米纤维材料波长为

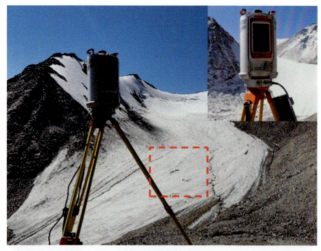

图 4.5　Riegl VZ-6000 地面三维激光扫描仪和无人机对乌鲁木齐河源 1 号冰川保护区的扫描现场

325～1075nm 的反照率光谱信息。光谱分辨率为 3nm，观测视场角为 25°，仪器观测误差<4%。测量传感器安装在离地面 0.5m 的三脚架上，且视场范围内无阴影。测量是在当地时间为 12:00～16:00(格林尼治标准时间 4:00～8:00)时在垂直于冰川表面的方向进行的。野外光谱采集完毕后，利用仪器自带的 HH2 Sync 软件导出数据，在 ViewSpecPro 软件中对数据进行浏览与处理，如图 4.6 所示。宽波段的反照率根据每个地点整个光谱波长的光谱反照率和入射太阳辐射的加权平均值计算得到(Yue et al.，2017；Ming et al.，2016)。

　　在乌鲁木齐河源 1 号冰川末端 200m 附近安装了一个监测塔(图 4.7)。监测塔配备了一个高分辨率的温度传感器(PT100 热电阻，±0.1K)，离地表 2m。由于其距离实验区较近，其温度读数可视为与 1 号冰川的气温相同，以 20min 的间隔记录气温平均值。降水量用自动称重仪(T-200B)测量，精确度为 0.1%。所有的传感器均可以在低温下工作(低至−55℃)。

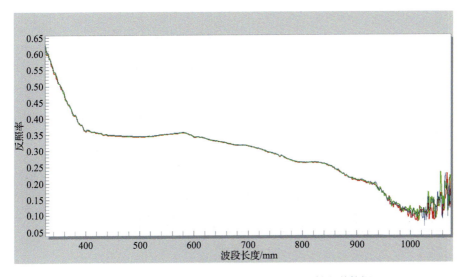

图 4.6　ASD 地物光谱仪采集的冰川表面反射光谱数据

红、绿、蓝色曲线为不同采样点的雪冰反照率曲线

图 4.7　乌鲁木齐河源 1 号冰川末端监测塔

2. 结果分析

乌鲁木齐河源 1 号冰川末端处高分辨率 DEM 的差异显示了材料对减缓冰川消融具有显著效果(图 4.8)。6 月 24 日～8 月 28 日，平均高程变化(不包括材料覆盖的区域)为−2.47m，材料覆盖区域的高程变化仅为−1.69m，保护材料减少了约32%的冰川消融。A1 和 A2 为土工织物覆盖区域，平均表面高程变化分别为−1.81m 和−1.71m。B 为纳米纤维材料覆盖区域，高程变化为−1.08m。与两种土工织物(29%)相比，纳米纤维材料减少了 56%的冰川消融。根据冰川密度参数(900 ± 17)kg·m^{-3}(Klug et al.，2018)，在受保护区域，覆盖减少了(0.70 ± 0.01)m w.e.的冰川物质损失。在纳米纤维材料和土工织物覆盖区域，分别减少了(1.25 ± 0.02)m w.e.和(0.64 ± 0.01)m w.e.。

根据四次实地调查，利用花杆评估了研究期间纳米纤维材料的保护效率。铺设材料时，冰川表面是相对平坦的。7d 后(7 月 1 日)，纳米纤维材料的保护效果已经很明显(图 4.9)，保护区域比周围冰川表面高出(0.18 ± 0.2)m w.e.。纳米纤维材料保存的高度范围为(0.45 ± 0.2)～(0.65 ± 0.2)m w.e.(分别在 7 月 9 日和 7 月 25 日)。最后一次观测是在 8 月 15 日进行的，受保护和未受保护的冰川表面平均高程变化为(1.26 ± 0.2)m w.e.(图 4.8)。

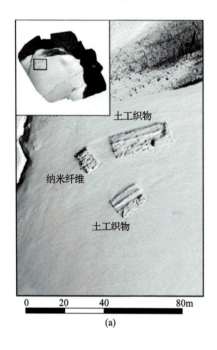

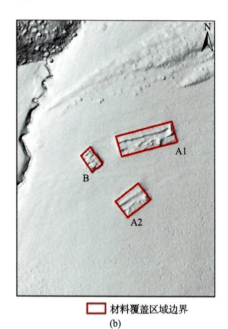

(a)   (b)

材料覆盖区域边界

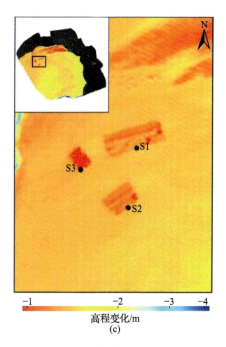

高程变化/m
(c)

图 4.8　2021 年 8 月 28 日的乌鲁木齐河源 1 号冰川试验区影像
(a)正射影像；(b)根据 DEM 生成的山体阴影；(c)高程变化，使用花杆(S1～S3)监测冰川消融

图 4.9　纳米纤维材料对乌鲁木齐河源 1 号冰川的保护

　　天山乌鲁木齐河源 1 号冰川不同材料覆盖下的横纵断面高程变化如图 4.10 所示，不同覆盖材料减缓冰川消融的效果在空间分布上存在显著差异。分析所有观测断面的数据发现，覆盖区域的高程下降范围在 1.05～1.95m，未覆盖区域的高程下降范围则在 2.12～2.30m。这一观察结果初步表明，覆盖材料在保护冰川方面具

有一定的积极作用。进一步对不同覆盖材料的保护效果进行量化分析，结果显示，纳米纤维材料覆盖区域的平均高程比未覆盖区域低 0.65m，这相当于减缓了 (0.59±0.01)m w.e.的冰川物质损失。相比之下，土工织物 A1 和 A2 分别减少了 (0.32±0.01)m w.e.和(0.42±0.01)m w.e.的物质损失。这一对比数据显示，纳米纤维材料在减缓冰川消融方面的效果优于土工织物。值得注意的是，不同覆盖材料在空间分布上的差异可能对冰川消融的影响有所不同。因此，未来的研究可以进一步探讨覆盖材料的空间分布对冰川保护效果的影响机制，从而为冰川保护提供更加科学有效的策略。

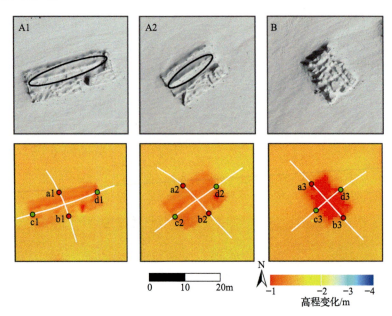

图 4.10　天山乌鲁木齐河源 1 号冰川不同材料覆盖下的横纵断面高程变化
第一排为 2021 年 8 月 28 日的正射影像；第二排为 2021 年 6 月 24 日～8 月 28 日的高程变化；A1 和 A2 为土工织物覆盖区域，B 为纳米纤维材料覆盖区域

横纵断面高程变化的平均值、标准差和折线图分别如表 4.1 和图 4.11 所示，对纵向断面 a-b 和横向断面 c-d 不同覆盖材料下的高程变化进行了详细的观察与对比分析。在纵向断面 a-b 上，观察到高程变化呈现出显著的差异，其中土工织物 A1、A2 和纳米纤维材料 B 的减缓效果依次增强。这一观察结果表明，相较于纳米纤维材料，土工织物在减缓冰川消融方面的效果较差。同样地，横向断面 c-d 上的观察结果与纵向断面 a-b 呈现一致性，均表明土工织物覆盖下的高程变化大于纳米纤维材料，这一发现进一步印证了纳米纤维材料在冰川保护领域中的潜在优势。

表 4.1　横纵断面高程变化的平均值(μ)和标准差(σ)

剖面名称	海拔/m	冰川高程/m				
		参考区		试验区		差异
		μ	σ	μ	σ	$\Delta\mu$
a1-b1	3804	−2.25	0.08	−1.86	0.16	0.39
a2-b2	3809	−2.30	0.06	−1.78	0.13	0.52
a3-b3	3811	−2.12	0.05	−1.05	0.27	1.07
c1-d1	3803	−2.26	0.17	−1.95	0.14	0.31
c2-d2	3809	−2.27	0.13	−1.85	0.04	0.42
c3-d3	3811	−2.17	0.15	−1.06	0.23	1.11

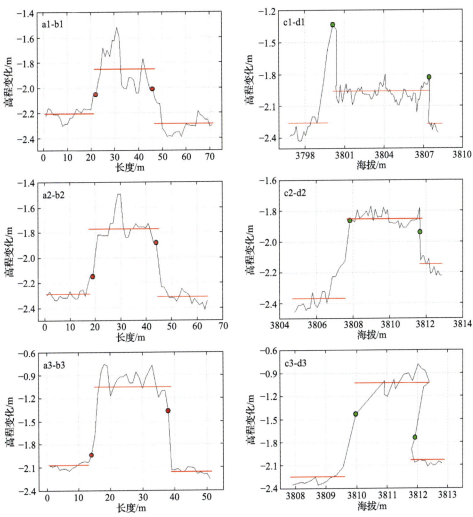

图 4.11　天山乌鲁木齐河源 1 号冰川不同材料覆盖下的横纵断面高程变化折线图

进一步分析图 4.11，可以明显看出土工织物在空间上减缓冰川消融的效果存在较大的差异，特别是在纵向断面 a-b 上。相对而言，纳米纤维材料在横向和纵向断面上的表现则较为稳定。由图 4.11 还可以发现一个有趣的现象：土工织物在搭接处展现出显著的减缓效应。具体而言，当土工织物材料搭接重合宽度为 0.4m 时，土工织物 A1 和 A2 分别能够减少(0.65±0.01)m w.e.和(0.58±0.01)m w.e. 的冰川物质损失，这种效应受到气候条件的显著影响。例如，大风等气候条件可能使接缝出现起伏情况，随着时间的推移，这种影响可能会逐渐扩大，从而降低保护效率。因此，在实际应用中，可能需要定期更换土工织物材料以保持其冰川保护效果(Huss et al.，2021)。

4.1.3　数据分析

1. 点云数据质量和高程偏差

在野外工作中使用的地面三维激光扫描仪固定扫描点位于冰川表面的不同高度和方向，这提高了观测的稳定性。点云的重叠率大于 30%，符合数据配准的要求[《地面三维激光扫描作业技术规程》(CH/Z 3017—2015)]。为了减少大气折射的影响，选择干燥、无风的天气条件。地面三维激光扫描和冰川表面可能造成点云误差，由于无法量化系统误差，制造商通常提供简化的恒定精度值。地面三维激光扫描仪的精度约为 10mm，满足冰川学的测量精度。本章选择消融区的最优测量数据，以确保获得的 DEM 质量。

无人机测量的点密度和控制点的分布对 DEM 的获取至关重要(Liu et al.，2020；Wigmore et al.，2017；Kraaijenbrink et al.，2016)。由于点密度的均匀性，无人机摄影测量的垂直照片得到了良好的描述。所有的控制点都是用实时动态测量技术(RTK)测量的，以提供准确的直接地理参考和配准。在水平和垂直方向上，控制点的均方根误差在 0.5m 以内，误差来源可能包括控制点的次优分布和密度。分布良好的控制点可以提高 DEM 的精度，但是很难进入冰川两侧的陡峭斜坡并布设控制点。为了达到理想的分布，控制点应该均匀地分布在冰川的侧向冰碛上。

此外，DEM 在水平和垂直方向的系统性偏移也会带来其他误差(Nuth et al.，2011)。因此，计算地面三维激光和无人机 DEM 之间非冰川区的高程变化，以量化垂直方向结果的准确性。两种 DEM 之间的平均高程变化为 0.02m，标准差为 0.28m(图 4.12)。这样一个分米级的不确定性表明，以下分析中使用的 DEM 在垂直方向上是准确对齐的。

2. 大地测量法冰川高程变化的准确性

花杆用来评估材料覆盖区域的冰川高程变化的精度。图 4.13 为在相应位置观

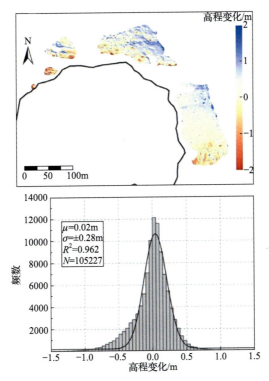

图 4.12 非冰川区域高程变化

μ 为平均值；σ 为标准差；R^2 为拟合系数；N 为像素数

察到的花杆高度变化与两次调查的高程变化散点图。在相同的位置上，冰川学方法与大地测量法测得高程变化之间的决定系数(R^2)为 0.93，表明大地测量法具有高精确度。对比花杆测量和大地测量法的结果，平均偏差为 0.07m，相对误差为 3%。这些结果表明，大地测量法得到的高程变化是令人满意的结果。

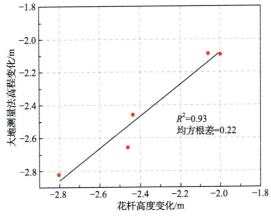

图 4.13 大地测量法高程变化与花杆高度变化的散点图

3. 减缓消融效果差异原因

纳米纤维材料和两种土工织物之间减缓冰川消融效果的差异可能归因于调节当地能量平衡的因素，如材料的光学和热性能、当地气候条件或地形。无论土工织物的类型如何，由于细小颗粒(灰尘)的沉积，反照率会随着时间的推移而减小(Azzoni et al., 2016；Aoki et al., 2006)。因此，只需要观测试验期结束时(2021年8月28日)的反照率。材料反照率从高到低依次为纳米纤维材料、面积为150m^{2}的土工织物、面积为200m^{2}的土工织物(图4.14)。在Presena Ovest冰川开展的一个类似比较试验讨论了土工织物的光学特性(Senese et al., 2020)，其研究结果与本小节结果一致，即具有较高反照率的材料在减缓冰川消融方面的效果较好。所有材料的反照率都小于新雪的反照率(图4.14)，因此应在没有季节性降雪的情况下进行人工覆盖。此外，测量了周围未受保护的冰雪表面的光谱解析反射率，纳米纤维材料的反照率大于周围的脏雪、干净的冰和脏冰，这表明纳米纤维材料在反射太阳辐射和减少吸收的能量方面有明显的效果。在天山乌鲁木齐河源1号冰川拍摄的冰雪表面见图4.15。

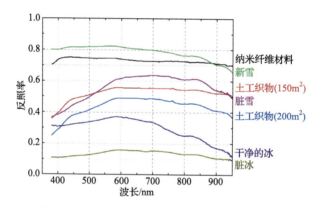

图4.14　覆盖材料和周围冰雪表面的光谱反照率

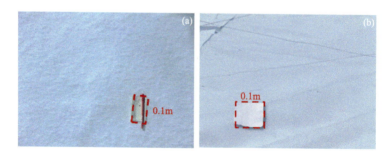

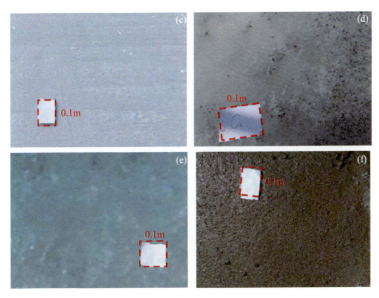

图 4.15　在天山乌鲁木齐河源 1 号冰川拍摄的雪冰表面
(a)新雪；(b)纳米纤维材料；(c)面积为 150m² 的土工织物；(d)脏雪；(e)干净的冰；(f)脏冰

如图 4.14 所示，新雪比土工织物和纳米纤维材料的反照率大。一旦发生降雪，迅速使冰川表面变白，并增加其反照率。假设试验期间固态降水对减缓冰川消融也起到了重要作用，可以用正弦函数确定冰川表面积累的固态降水量(Möller et al.，2007)，该函数给出了温度为 2～4℃时液态和固态降水的转换关系(Fujita et al.，2000；Mölg et al.，2012)。当空气温度低于 2℃时，会出现固态降水(雪)；当温度为 2～4℃时，会出现带雪的降雨。本小节研究中平均气温约为 5℃，总降水量为 231mm。试验期间只发生 12d 的降雪事件，一周内没有连续的固态降水(图 4.16)。在 2021 年 8 月 16～19 日，连续 4d 有固态降水(雪)，总降雪量为 41mm。由于降雪后空气温度较高，消融区很难形成有效降雪积累。根据 1988～1989 年的花杆数据，夏季海拔 3900m 以下的冰川物质平衡为负值，表明冰川表面经历了消融(Liu et al.，1997)。本节实验中的花杆观测结果也显示冰川物质平衡值为负值。因此，在被高气温控制的研究区域，与土工织物和纳米纤维材料相比，试验期间的固态降水对减缓冰川融化的影响很小。相比之下，纳米纤维材料由于具有选择性的热排放，表现出了良好的冷却性能。Li 等(2021)的户外试验表明，即使在白天约 900W·m⁻² 的峰值太阳强度下，该材料也能使环境温度下降 5℃，在夜间则约低于环境温度 7℃，不包括太阳光的影响。此外，对于未来的实际应用，耐久性是辐射冷却材料应具备的一个关键特性。

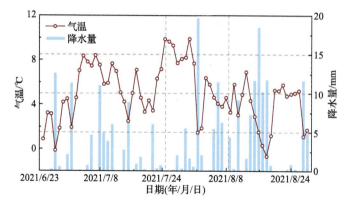

图 4.16　2021 年 6 月 24 日～8 月 28 日自动气象站测量的气温和降水量

除了材料特性外，人工覆盖减缓冰川消融的效果可能取决于地形参数，如场地的坡度、坡向和海拔(Huss et al., 2021)，这些因素会影响材料覆盖改变的能量平衡成分的相对重要性。这在理论上意味着太阳辐射输入量最大的地点减缓冰川消融效果更好，因为覆盖材料能有效减少短波辐射(Olefs et al., 2008)。关于此方面的现有研究较少，本小节没有考虑地形参数，这些因素与人工覆盖减缓冰川消融效果的相关性应该进一步地研究。

4.2　四川达古冰川　

四川达古冰川位于青藏高原东缘，属于典型的海洋性冰川，对气候变化的响应尤为敏感。研究发现，2020 年该地区冰川总面积为 1.70km²。20 世纪 80 年代以来，达古冰川的面积缩减了 70%，因此应用人工手段来减缓冰川消融十分迫切。达古冰川作为冰川旅游景区，达古冰川管理局对开展减缓冰川消融的试验有着迫切的需求。

4.2.1　试验区概况

达古冰川位于我国四川阿坝藏族羌族自治州黑水县境内，东经 102°44′15″～102°52′46″，北纬 32°12′30″～32°17′06″，距黑水县城 30 多千米。2007 年景区面积达到 119km²，保护区面积 632km²。达古冰川位于青藏高原东南缘横断山脉中段北端的岷山与邛崃山交汇处，地势西北高、东南低。地貌多为高山地貌，最低海拔 2420m，最高海拔 4965m，相对高差 2545m，山脊绝对海拔 4000 多米，坡度多在 30°～50°，沟谷深 1000～1500m。达古冰川风景区地处川西北部山地与高原的过渡地带，植被类型丰富，垂直地带性明显。

达古冰川风景区气候具有"干雨季分明、年温差小、日温差大、冬季日照充足、夏季降水集中"的特点。据《黑水县农业气候资源与区划》介绍,该区年平均气温 4.4℃,7 月平均气温 12.8℃,1 月平均气温−5.3℃,极端最高气温 27.6℃,极端最低气温−23.9℃;日照时数为 1734.9h;年降水量 800～1200mm;年平均相对湿度为 65%,最高为 78%。

2016 年,达古仅存 13 条冰川,总面积仅为 1.70km²,比第二次冰川编目调查结果减少了 4 条冰川。1975～2017 年,达古冰川加速消融和萎缩,截至 2017 年,退缩面积达 5.094km²,退缩速率为 0.12km²·a⁻¹,退缩趋势与我国西南地区季风性海洋冰川变化一致。

本节试验基于达古 17 号冰川(32.22°N,102.75°E)(图 4.17)。根据第二次冰川编目,达古 17 号冰川海拔 4780～4970m,冰储量 0.003382km³,坡度多在 30°～50°,属于达古冰川区域内面积较大的冰川。1971～2016 年,达古 17 号冰川长度退缩约 0.76km,面积减少 0.78km²。达古 17 号冰川作为该区域内最大的冰川,消融趋势十分明显,在 2020 年左右消融分裂成 3 条小冰川。在考虑冰川面积、交通、景观观赏性等因素后,试验区设于达古 17 号冰川分裂后的上端小冰川,这有助于工作人员携带试验仪器到达目的地,同时节省了大量的人力,为试验调查研究提供了良好的条件。

图 4.17 达古 17 号冰川全貌

4.2.2　试验设计及结果分析

本小节以四川达古冰川为研究对象开展相关试验研究。在达古冰川消融季，应用覆盖光热阻隔物(土工织物)的方法，在冰川表面铺设隔热和反光材料，增大冰川表面反照率，在冰面阻挡太阳辐射和冰川的热交换，以此达到减缓达古冰川消融的目的。具体是在达古冰川中下部的消融区建立 1 个 500m² 左右的试验场，开展光热阻隔物减缓达古冰川消融的试验研究，研究人工干预的方法对减缓冰川消融的作用，并评估其试验效果。此外，为定量监测试验区物质平衡变化，采用传统的花杆-雪坑方法进行观测。

1. 铺设方案及观测方法

2020 年 8 月 5 日，土工织物布设在达古 17 号冰川主流线区域，海拔 4870m，覆盖面积 500m²，10 月 17 日拆除。土工织物宽 2m、长 50m。施工期间，先通过达古冰川缆车将材料运至海拔 4860m 处，然后运至施工作业区。试验区铺设如图 4.18 所示，在施工过程中，从高处向低处铺设，靠材料本身重力滚下。整个材料铺好后，将相邻的材料搭接在一起，搭接重合宽度为 40cm，铺设完成后及时收

图 4.18　试验区铺设示意图

缩压平试验区，500m² 的达古冰川试验区用 6 卷土工织物搭建而成。由于铺设在冰川表面的土工织物具有渗透性，其会主动吸收覆盖冰川的水膜，自然而然地粘在冰川上。高山冰川上会产生重力风，为了使土工织物的位置保持稳定，用岩石压紧土工织物，同时每隔一段距离用绳索固定在岩石上，最后用胶带固定。为了控制这些岩石对冰川反照率的影响，将岩石放入由相同土工织物制成的袋子中。安装搭建试验区结束后，整个表面呈现白色且均匀，并且在 2020 年的整个试验期内定期维护该区域。

为保证达古 17 号冰川物质平衡观测试验场的稳定性与完整性，花杆设立在距离土工织物边缘绝对距离不超过 1m 的非试验区域(冰川区域)，以此来观测非试验区域和试验区域的冰川消融量变化(图 4.19)。观测、测量非试验区域与试验区域边缘的高度差，利用高度差与非试验区域的消融变化测定试验区域的消融情况。花杆观测时间为 8 月 5 日～10 月 17 日，每隔 14d 进行一次物质平衡观测。

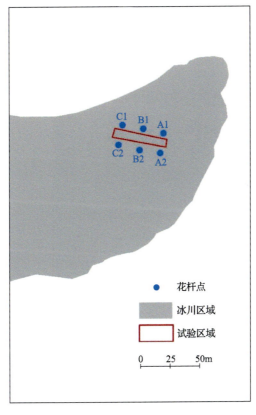

图 4.19　研究区花杆与人工覆盖区位置

　　2021 年 8 月和 10 月，对达古 17 号冰川的两个试验场进行无人机航测，即摄影测量，结果见图 4.20。得益于我国基站的建设，达古 17 号冰川有网络信号，可以进一步发挥 DJI Phantom 4 RTK 的优势，即无人机自带 RTK，避免了摄影测量需要布设地面控制点的缺点，大幅减少了冰川无人机遥感观测的工作量。

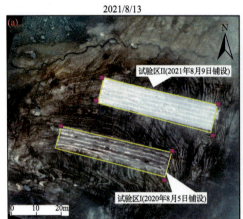
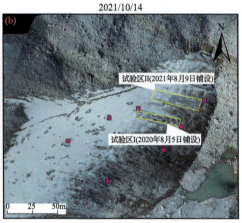
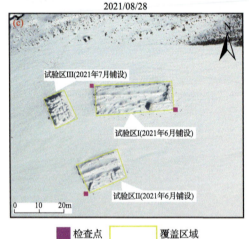

图 4.20　无人机航测结果

　　在达古 17 号冰川进行了与乌鲁木齐河源 1 号冰川同样的观测，即观测保护材料及其周围冰雪表面的反照率，观测方法详见 4.1.2 小节。

　　达古当地气象部门于 2018 年在达古 17 号冰川附近搭建了自动气象站(AWS3)，但由于仪器在海拔 5000m 的高寒地区经常发生数据缺失的问题且不经常检查维修，唯有 2020 年 3～10 月气象数据完整。利用冰面自动气象站与地表气象站(图 4.21)获取消融期(2020 年 8～10 月)小时尺度气象数据,气象站架设于达古 17 号冰川东部区域海拔约 5000m 处,地势相对整体区域而言较平坦(坡度<2°)。观测的气象要素包括风速、相对湿度、气压、气温、降水量、入射和出射的长短波辐射等,数据集存储在数据采集的数据存储模块中,每 10min 记录一个气象要素。

图 4.21　自动气象站

2. 结果分析

冰川表面的融化与冰川表面的辐射能量平衡有关。当冰川表面获得的能量大于释放的能量时,冰川开始融化或升华。冰川表面的能量收支主要受辐射平衡控制,冰川消融主要发生在夏季,冰面以消融为主。太阳直接辐射和近地表大气湍流交换是引起冰川消融的主要热源。因此,在冰面上阻挡太阳辐射和热交换,可以有效减缓冰川的融化。基于此,2020 年 8 月 5 日在达古 17 号冰川上覆盖 500m² 的纺织材料,根据传统的花杆-物质平衡测量法,在试验区周边不超过 2m 的绝对距离内利用蒸汽钻设立了 6 根花杆,大约每两周观测一次。九月末,达古冰川地区开始降雪,为了试验结果的准确和物质平衡测量,试验结束时间定为十月中旬,具体试验期为 8 月 5 日～10 月 17 日。

2020 年 8 月 5 日～10 月 17 日达古 17 号冰川试验区消融量如图 4.22 所示,冰川覆盖区消融量显著低于非覆盖区。非覆盖区下端、中端、上端消融量分别为 1.33m w.e.、1.20m w.e.、1.11m w.e.,覆盖区下端、中端、上端消融量分别为 0.92m w.e.、0.78m w.e.、0.72m w.e.。可以看出,冰川上端的消融量略小于冰川下端。区域物质平衡不一致,原因可能是冰川消融过程与冰面局部的气象要素、周边地形、水热条件和冰川表面条件等密切相关(刘巧等,2011)。达古 17 号冰川面积较小，小冰川对气候的敏感性更强，任何一个气象要素都会对小冰川的变化都起到关键作用，气温和降水量是冰川表面特征变化的主要驱动因素。

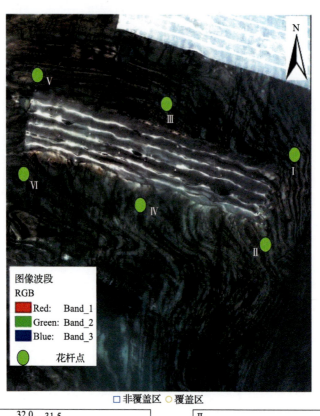

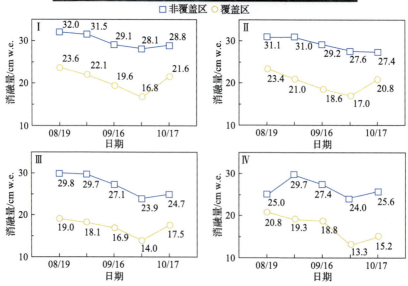

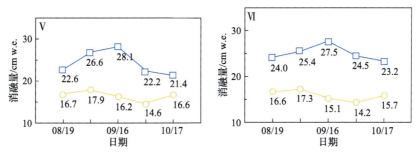

图 4.22　2020 年 8 月 5 日~10 月 17 日达古 17 号冰川试验区消融量

　　试验期间覆盖区与非覆盖区的消融量和高度差变化见图 4.23。覆盖区与非覆盖区除了消融量有差异，消融速率也表现出很大的不同。8 月 5 日~9 月 2 日，非覆盖区和覆盖区的消融速率分别为 0.018m w.e.·d⁻¹ 和 0.014m w.e.·d⁻¹。10 月 1~17 日，非覆盖区和覆盖区的消融速率分别为 0.013m w.e.·d⁻¹ 和 0.008m w.e.·d⁻¹。有研究表明，冰川消融速率与气温有关，试验初期(8 月)达古冰川平均气温为 4.7℃，试验中期(9 月)的平均气温为 2.8℃，从 10 月初到试验结束，达古冰川平均气温仅为 1.5℃(图 4.24)，可以看出达古 17 号冰川试验期间气温逐渐下降。气温下降可以更好地解释试验结束时冰川消融速率小于试验开始时的情况。此外，据气象台工作人员介绍，9 月达古冰川降水开始以固体降水为主。降雪会直接增加冰川的质量，促进冰川的积累，同时增加冰川表面的反照率；增加的反照率会减少地表对太阳辐射的吸收，有利于减缓冰川融化(Wang et al.，2020)。降雪事件大大增加了反照率，这在一定程度上类似用光热屏障覆盖在冰川表面的效果，减少了冰川表面与外界的热交换，对减缓冰川消融具有一定的作用。

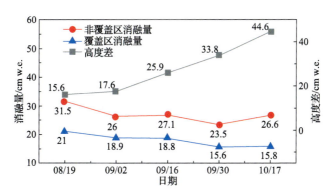

图 4.23　试验期间覆盖区与非覆盖区的消融量和高度差变化

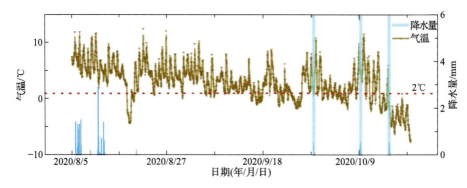

图 4.24　试验区的气温和降水量

　　本小节试验在达古 17 号冰川设立了 500m² 的试验场地(2020 年 8 月 5 日)，铺设时覆盖区和非覆盖区冰川表面平整，无积雪，物质平衡一致。随着时间的推移，覆盖区和非覆盖区开始出现高度差(图 4.25)，而且高度差逐渐增大。直到 10 月 17 日，即试验结束时，覆盖区与周围的非覆盖区相比，平均高度差为 0.46m(图 4.26)。根据消融观测记录，有土工织物覆盖的试验区冰川消融速率明显小于未覆盖土工织物的区域，这使覆盖区的物质平衡变化速率小于非覆盖区的物质平衡变化速率。覆盖区消融量为−0.8m w.e.，消融速率为 0.011m w.e.·d⁻¹；非覆盖区消融量为−1.21m w.e.，消融速率为 0.017m w.e.·d⁻¹。覆盖区的消融速率明显小于非覆盖区，主要是因为土工织物具有较高的反照率，通过反射比冰川表面更多的入射短波辐射而减缓了冰川消融的趋势。冰川反照率的变化会使冰川吸收的太阳短波辐射发生较大变化。同时，土工织物具有良好的热性能，减少了冰川表面与外界之间的湍流热通量。此外，土工织物的半透性还抑制了冰川表面水坑的形成，减少了水坑渗水对冰川融化的影响(Olefs et al.，2008)。

图 4.25　试验前后

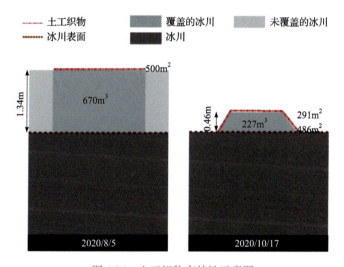

图 4.26　土工织物有效性示意图

在试验中期，发现有土工织物重叠的区域(重叠宽度为 40cm)比其他覆盖区域的效果略好，主要原因是土工织物的重叠区域比单层土工织物对太阳辐射的反照率更大，对冰川与外界的热交换有更明显的保护作用。试验结束时，土工织物重叠区域与单层土工织物覆盖区域的高度差逐渐减小，主要原因是试验结束时达古冰川降水以固体降水为主，对减缓冰川融化有较好的效果，中后期太阳辐射和气温逐渐下降，土工织物覆盖的冰川内部温度逐渐趋于一致。另外，试验结束时土工织物覆盖的长度没有变化，而宽度减少到 9.72m，覆盖面积减少到 486m²，减少了2.8%；未覆盖区消融 1.34m，覆盖区消融 0.88m，为初始厚度的 65.7%，说明土工织物减少消融厚度为 0.46～1.34m(图 4.27)。试验初期，覆盖土工织物的冰川表面形状很平滑，随着试验的开展及试验效果的显现，覆盖区冰川消融速率小于非覆盖区，最终被保护冰川成为梯形(图 4.27)，将土工织物覆盖下的冰视作梯形固体来计算体积。与非覆盖区相邻的表面积为 486m²，覆盖区上表面面积为 291m²，高度为 0.46m，所以最终试验区固体的总体积为 227m³，即 204m³ w.e.。换言之，500m² 的土工织物使总消融量减少了 34%，使得 204m³ w.e.的冰川免于消融。

冰川末端进退是线状的，冰川面积是面状的，高程数据可以从三维层面反映冰川的物质平衡变化。通过重复摄影测量获取多期 DEM，借助地理信息系统(GIS)可以精细地量化冰川末端表面高程的变化情况(薛雨昂等，2021)。如图 4.27 所示，根据 8 月 13 日和 10 月 14 日两期的航测影像，对达古 17 号冰川试验区高程变化进行研究，主要是对覆盖区和非覆盖区进行研讨，客观分析纺织材料对冰川的保护效果。图 4.27 中的高程变化是由 ArcGIS 中的栅格计算器完成的，直方图先是由栅格转点，然后重采样得到。在栅格转点时，像元分辨率为 0.02× 0.02，像元分辨率太小，重采样为 0.1×0.1 之后再进行矢量数据转点，统计高程变化。

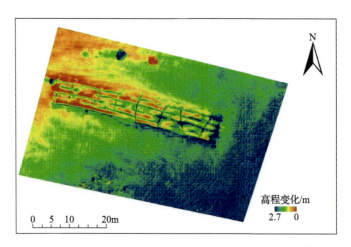

图 4.27   2021 年 8 月 13 日～10 月 14 日达古 17 号冰川试验区域高程变化

8 月 13 日～10 月 14 日，图 4.27 中的达古冰川覆盖区及周边的未覆盖区高程变化主要为 1.0～1.5m，少量区域的高程变化为 0.5～1.0m 和 1.5～2.0m。覆盖区变化率较小，高程变化主要为 0～1.3m，这从侧面反映出达古冰川在 8 月中旬到 10 月中旬的时间内，末端消融了接近 2m，在这两个月的时间内土工织物减少了达古冰川接近 0.5m 的消融。按照野外观测经验值，冰和雪的密度分别取为 900kg·m⁻³ 和 300kg·m⁻³，末端消融了 1.8m w.e.。覆盖区和未覆盖区的高程变化统计直方图如图 4.28 所示，两者之间的高程变化频率分布相差不大，其中覆盖区高程变化主要集中在 0.9～1.3m，此范围相对频率为 58.32%；非覆盖区高程变化主要集中在 1.0～1.6m，此范围相对频率为 72.29%。根据实际情况，覆盖区边缘覆盖部分较易与空气产生热交换，所以保护效果不理想，又因材料发生老化，试验区由开始时的 10m×50m 缩小为 9m×45m，覆盖面积减小了接近 100m²。

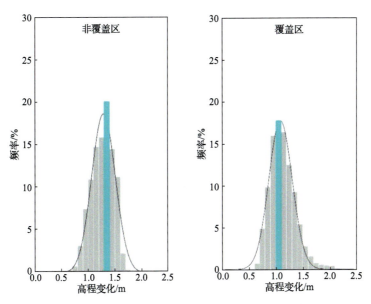

图 4.28　达古冰川覆盖区与非覆盖区高程变化统计直方图
蓝色标注的是众数

由此可以看出，冰川保护效果显著，覆盖区消融量明显小于未覆盖区。根据 GIS 提取的表面高程变化(图 4.27)，计算平均值可得覆盖区平均高程变化为 1.13m，非覆盖区平均高程变化为 1.27m，减少消融 0.14m，保护了 11% 的冰川。当然，这与 2020 年试验期间冰川保护减少 34% 的消融效果难以相较，这可能是因为土工织物老化与表面吸光物质累积，在一定程度上降低了土工织物的反照率，从而冰川保护的效果不如 2020 年突出。2021 年 8 月 13 日～10 月 14 日，400m² 的覆盖区域保护了 56.7m³ 的冰川免于消融。

参 考 文 献

刘巧, 刘时银, 张勇, 等, 2011. 贡嘎山海螺沟冰川消融区表面消融特征及其近期变化[J]. 冰川冻土, 33(2): 227-236.

薛雨昂, 井哲帆, 康世昌, 2021. 无人机在冰川变化监测中的应用: 以唐古拉山小冬克玛底冰川为例[J]. 地理科学进展, 40(9): 1590-1599.

AOKI T, MOTOYOSHI H, KODAMA Y, et al., 2006. Atmospheric aerosol deposition on snow surfaces and its effect on albedo[J]. Sola, 2: 13-16.

AZZONI R S, SENESE A, ZERBONI A, et al., 2016. Estimating ice albedo from fine debris cover quantified by a semi-automatic method: The case study of Forni Glacier, Italian Alps[J]. The Cryosphere, 10: 665-679.

FUJITA K, AGETA Y, 2000. Effect of summer accumulation on glacier mass balance on the Tibetan Plateau revealed by mass-balance model[J]. Journal of Glaciology, 46(153): 244-252.

HAN T, DING Y, YE B, et al., 2006. Mass-balance characteristics of Ürümqi glacier No. 1, Tien Shan, China[J]. Annals of Glaciology, 43: 323-328.

HUSS M, SCHWYN U, BAUDER A, et al., 2021. Quantifying the overall effect of artificial glacier melt reduction in Switzerland, 2005–2019[J]. Cold Regions Science and Technology, 184: 103237.

KLUG C, BOLLMANN E, GALOS S P, et al., 2018. Geodetic reanalysis of annual glaciological mass balances (2001–2011) of Hintereisferner, Austria[J]. The Cryosphere, 12(3): 833-849.

KRAAIJENBRINK P, MEIJER S W, SHEA J M, et al., 2016. Seasonal surface velocities of a Himalayan glacier derived by automated correlation of unmanned aerial vehicle imagery[J]. Annals of Glaciology, 57(71): 103-113.

LI D, LIU X, LI W, et al., 2021. Scalable and hierarchically designed polymer film as a selective thermal emitter for high-performance all-day radiative cooling[J]. Nature Nanotechnology, 16(2): 153-158.

LI Z, LI H, CHEN Y, 2011. Mechanisms and simulation of accelerated shrinkage of continental glaciers: a case study of Urumqi Glacier No. 1 in eastern Tianshan, central Asia[J]. Journal of Earth Science, 22(4): 423-430.

LIU C, XIE Z C, WANG C Z, 1997. A research on the mass balance processes of Glacier No. 1 at the headwaters of the Urumqi River, Tianshan Mountains[J]. Journal of Glaciology and Geocryology, 19(1): 17-24.

LIU Y S, QIN X, GUO W Q, et al., 2020. Influence of the use of photogrammetric measurement precision on low-altitude micro-UAVs in the glacier region[J]. National Remote Sensing Bulletin, 24: 161-172.

MING J, XIAO C, WANG F, et al., 2016. Grey tienshan urumqi glacier No. 1 and light-absorbing impurities[J]. Environmental Science and Pollution Research, 23: 9549-9558.

MÖLG T, MAUSSION F, SCHERER D, 2014. Mid-latitude westerlies as a driver of glacier variability in monsoonal High Asia[J]. Nature Climate Change, 4(1): 68-73.

MÖLG T, MAUSSION F, YANG W, et al., 2012. The footprint of Asian monsoon dynamics in the mass and energy balance of a Tibetan glacier[J]. The Cryosphere, 6(6): 1445-1461.

MÖLLER M, SCHNEIDER C, KILIAN R, 2007. Glacier change and climate forcing in recent decades at Gran Campo Nevado, southernmost Patagonia[J]. Annals of Glaciology, 46: 136-144.

NUTH C, KÄÄB A, 2011. Co-registration and bias corrections of satellite elevation data sets for quantifying glacier thickness change[J]. The Cryosphere, 5(1): 271-290.

OLEFS M, FISCHER A, 2008. Comparative study of technical measures to reduce snow and ice ablation in Alpine glacier ski resorts[J]. Cold regions science and technology, 52(3): 371-384.

SENESE A, AZZONI R S, MARAGNO D, et al., 2020. The non-woven geotextiles as strategies for mitigating the impacts of climate change on glaciers[J]. Cold Regions Science and Technology, 173: 103007.

WANG F, YUE X, WANG L, et al., 2020. Applying artificial snowfall to reduce the melting of the Muz Taw Glacier, Sawir Mountains[J]. The Cryosphere, 14(8): 2597-2606.

WANG P, LI Z, LI H, et al., 2017. Characteristics of a partially debris-covered glacier and its response to atmospheric warming in Mt. Tomor, Tien Shan, China[J]. Global and Planetary Change, 159: 11-24.

WIGMORE O, MARK B, 2017. Monitoring tropical debris-covered glacier dynamics from high-resolution unmanned aerial vehicle photogrammetry, Cordillera Blanca, Peru[J]. The Cryosphere, 11(6): 2463-2480.

YUE X, ZHAO J, LI Z, et al., 2017. Spatial and temporal variations of the surface albedo and other factors influencing Urumqi Glacier No. 1 in Tien Shan, China[J]. Journal of Glaciology, 63(241): 899-911.

ZEMP M, THIBERT E, HUSS M, et al., 2013. Reanalysing glacier mass balance measurement series[J]. The Cryosphere, 7(4): 1227-1245.

第 5 章

人工增雪保护冰川典型案例

第 3 章人工增雪部分介绍了有关学者的研究，表明人工增雪可以减缓冰川退缩趋势，减少整个区域性冰川的物质损失(Oerlemans et al.，2017)。然而，长期受高山的气象条件与人工增雪设施限制，只能通过模型模拟评估人工增雪的效果，由于数据缺乏验证，没有一定的说服力。直到最近几年，我国科学家突破种种困难，在新疆木斯岛冰川进行了人工增雪减缓冰川消融试验。

5.1　人工增雪试验区域概况　　　

人工增雪减缓冰川消融试验于萨吾尔山木斯岛冰川上开展。萨吾尔山横跨中国和哈萨克斯坦，是天山和阿尔泰山的独立过渡带(Wang et al.，2019；Wang et al.，1983)。萨吾尔山北起额尔齐斯河流域，南达布克塞尔盆地边界，西与中哈边界接壤，东与准噶尔盆地逐渐交汇，是重要的跨国山脉。萨吾尔山位于新疆阿勒泰市与塔城交界处，距吉木乃县城直线距离为 60km，在天气良好的状态下，县城居民可以看到冰川。萨吾尔山的木斯岛冰川是阿勒泰地区重要的淡水资源，冰川变化与区域水资源储量和当地环境生态平衡密切相关(Zhang et al.，2020)。萨吾尔山的山地冰川在 11 月至来年 3 月处于积累状态，在 4 月至 10 月处于消融状态(Shi et al.，2009)。研究表明，萨吾尔山的冰川 1977～2017 年一直处于消融状态，冰川面积从 1977 年的 23km^2 减少到 2017 年的 12.49km^2，消融率为 45.72%。

木斯岛冰川(85°33′40″E，47°3′44″N)又称木斯岛雪山，消融季和非消融季的冰川分别见图 5.1 和图 5.2。木斯岛为哈萨克语，意为"冰山"，在当地少数民族文化中占有重要地位。木斯岛冰川位于萨吾尔山脉北坡，是萨吾尔山脉中唯一长序列监测的冰川，1959 年以来一直处于衰退状态(Wang et al.，2019)。木斯岛冰川海拔为 3137~3818m，冰体积为 0.28km³，平均冰厚高达 66m。此外，根据草原站(与冰川距离约 3km，海拔 3149m)的气象数据(2010~2021 年)，木斯岛冰川受到西风带北部分支的影响，气温存在明显的季节性差异，气温年际变化率为 0.10℃·(10a)⁻¹。2014~2021 年，木斯岛冰川的单点冰川物质平衡为(−3669±1.872)mm w.e.，平均物质平衡为(−883.4±0.13)mm w.e.(Bai et al.，2022)。木斯岛冰川由新疆阿勒泰地区吉木乃县管理，该县是新疆的缺水县，水主要来自萨吾尔山的冰雪融化，多年平均地表水资源量仅为 7400 万 m³(谢文辉，2018)。一旦该地区的冰川消失，降水量将会减少，从而导致地表水资源减少，将直接影响该县的生态环境和人类的生存。

图 5.1　消融季木斯岛冰川

图 5.2 非消融季木斯岛冰川

5.2　试验设计和结果

5.2.1　人工增雪

　　萨吾尔山木斯岛冰川沿着山谷发展，当地气象部门沿着河流安置了 14 个增雨烟炉，用于人工增雨(雪)以减缓冰川融化。增雨烟炉也称地面碘烟炉，通过点燃碘化银(AgI)烟条，利用迎风坡上升气流，将催化剂带入云中。燃烧炉内部有 40 个横向的圆孔，具体作业时把碘化银烟条放置在圆孔内，两端有两个电极，给烟条通电使其燃烧，含有碘化银的烟雾通过烟囱排入大气，就能实现增雨作用。这些碘化银发生装置可以远程控制，为高山作业提供了一定的便利。人工增雪时只需要对烟炉内的碘化银进行加热，它就会在空气中形成极细极小(只有头发直径的百分之一到千分之一)的碘化银颗粒。研究表明，1g 碘化银可以形成数十万亿个粒子，人工增雪试验使用的每克碘化银棒能够在$-20\sim-7.5℃$的温度下生成 10^{14} 个含冰核(Marcolli et al.，2016)，这些粒子会随着气流的运动进入云层，在冰冷的云层中产生数十亿到数百亿的冰晶。白天，由于强烈的太阳辐射及雪面空气的加热和抬升，山谷风盛行，沿着山谷向下到达冰川(图 5.3)。在此试验中，先使用雷达识别天气云层中的局部对流云，并测量对流的方向、高度和距离，以确定进行人工降雨播种的时间和地点；然后选择最有利的时间点燃碘化银烟雾发生器，让碘化银颗粒充当催化剂，帮助形成人工冰核，以吸收更多的水蒸气并促进降水的形成。

(a)

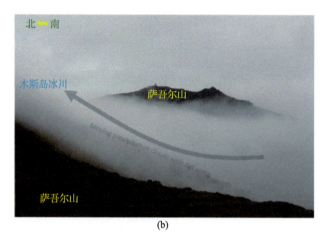

图 5.3   木斯岛人工增雪试验现场
(a) 地面碘烟炉发生装置; (b) AgI 烟雾携带水汽移动

5.2.2   气象观测

本节试验所用的气象数据主要为木斯岛冰川人工增雪试验时期服务, 试验人员于 2018 年 8 月 8 日在木斯岛冰川平衡线附近、海拔 3430m 处一个相对平坦的表面设立自动气象站(AWS1), 具有满足试验人员研究要求的各种传感器(图 5.4)。将一个气温测量计水平安装在离地面 1.5m 的位置, 以测量空气温度。反照率是通过安装在 1.5m 高度自动气象站上的 CNR4 太阳辐射计测量的入射和反射短波辐射计算的, 波长范围为 0.3～2.8μm, 测量误差<1%。降水量用自动称重计测量, 准确度为±0.1%。所有传感器都连接到一个数据记录器上, 能够在低温(−55℃)工作, 每 10min 记录一次。在冰川前缘的冰川自动气象站以北约 5km 处, 由当地气象部门协助建立了一个草地自动气象站(AWS2)来监测常规气象(图 5.5)。

5.2.3   物质平衡观测

冰川物质平衡是指冰川积累量与消融量的收支状况, 用来表征冰川变化的动态趋势, 常用于能量-物质平衡模拟结果的验证。在科研人员实地观测中, 物质平衡的观测内容包括花杆至冰川表面的垂直高度、附加冰的厚度、粒雪层的厚度和密度、雪坑剖面结构。密度测量必须要求雪坑垂直高度大于 5cm, 否则冰雪密度采用野外观测经验值, 冰和雪的密度分别取为 900kg·m^{-3} 和 300kg·m^{-3}。

在木斯岛冰川借鉴了天山乌鲁木齐河源 1 号冰川的物质平衡观测方式, 从 2014 年开始, 每年测量木斯岛冰川的物质平衡。用于物质平衡测量的花杆用便携式蒸汽钻机固定在冰上(图 5.6), 花杆桩网由 23 根金属桩组成, 平均分布在不同高度，每行约 3 根桩(图 5.7)。人工增雪减缓冰川消融试验期间，分别在 8 月 12 日、18 日和 24 日进行物质平衡测量，试验人员比较了两个周期(8 月 12～18 日和 18～24 日)的物质平衡变化。每根花杆上的积雪深度都是通过标尺来测量的，积雪密度则是通过在给定体积上称量积雪质量来测量的。利用积雪的深度和密度数据，计算花杆处的物质平衡。

图 5.4　木斯岛冰川气象站

图 5.5　木斯岛草原气象站

图 5.6　木斯岛冰川花杆钻孔

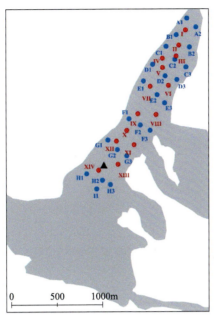

图 5.7　木斯岛人工增雪试验物质平衡观测点(蓝点)和反照率观测点(红点)

5.2.4　反照率观测

通常认为表面反照率是 0.35～2.8μm 短波光谱上的平均反照率 (Schaepman-Strub et al.，2006；Brock et al.，2000)。它直接支配着冰川表面的净短波辐射通量，在很大程度上决定了整个冰川表面能量平衡(Dumont et al.，2012，2011)。此外，净短波辐射是冰川融化过程的主要能源(Six et al.，2009)。地表反照率在控制冰川融化速率方面起着重要作用，冰川表面融化速率对反照率高度敏感(Tedesco et al.，2011)，地表反照率的微小变化会引起入射太阳辐射吸收的显著变化，从而影响冰川表面融化速率(Skiles et al.，2017；Sun et al.，2014；Dumomt et al.，2012)。因此，观测冰川表面降雪后的冰雪反照率及光热阻隔物的反照率对解释冰川表面融化速率的差异具有重要意义。观测地表反照率在空间和时间上的巨大变化，从干雪的>0.9 到富含碎片的冰面的<0.1。一般使用安装在自动气象站(AWS)上的辐射计或便携式摄谱仪来获取地面反照率。

为了方便进行研究，试验人员使用 ASD FieldSpec HandHeld 2 光谱仪测量 325～1075nm 波段的反射率(图 5.8)，分辨率为 3nm，误差小于 4%。测量传感器安装在裸露的纤维上，安装在离地面 0.5m 的三脚架上，视野范围在 25°内，光点直径约为 0.225m。观察一个白色的参考面板，然后观察木斯岛冰川表面，将光谱辐射计校准到当时半球的大气条件。当天空辐射情况发生变化时，试验人员重新校准仪器。为了减小坡度和太阳天顶角对反照率的影响，试验人员于北京时间2:00～16:00 在一个水平面上进行测量。在每个采样点，记录 3 个连续的光谱数据并取平均值，每次扫描包含 10 个暗电流和 10 个白色参考测量值。同时，每一次测量都记录云量和地表类型。试验人员于 2018 年 8 月 18 日、20 日、22 日和24 日测量了冰川上 14 个站点的光谱反照率(图 5.9)。返回站场后，通过光谱分析和管理系统(SAMS)软件(HH2 Synchronization)从仪器中导出光谱数据。基于每个站点整个光谱波长的光谱反射率和入射太阳辐射的平均值，进行反照率加权计算。14 个站点在进行人工降水试验(8 月 12～18 日和 18～24 日)前后的反照率，主要通过计算平均值获得。试验人员排除了明显异常的反照率数据(大于 0.98)，这些异常值在物理上是不现实的。

图 5.8   试验期间反照率观测(一)

图 5.9 试验期间反照率观测(二)

5.3 结果分析 <<<

5.3.1 自然降雪对人工增雪的响应

8 月为冰川强烈消融时期，刚好可以在此时间段完成人工增雪减缓冰川消融试验。图 5.10 为 2018 年 8 月 12～24 日木斯岛冰川气象站(AWS1)逐小时气温和降水量，8 月 12～14 日有一定的自然降水，但是降水持续时间相对较短；除了非试验期，8 月 12～24 日整个时段降水相对稀少。2018 年 8 月 12～24 日总体发生过六次降水事件，前四次降水事件是自然降水，后两次降水事件是人工降水。第一次降水事件是 8 月 12 日 20 时发生的，降水持续了 3h；第二次降水发生在 8 月 13 日 1:00～6:00，并在些许时间后再次发生降水；第三次降水发生在 8 月 13 日 19:00～24:00，降水持续了 5h；第四次自然降水事件发生在 8 月 14 日 5:00～8:00，自然降水事件持续了 3h。大多数降水发生在午夜和清晨，这从侧面反映出在 17 时至次日 8 时更容易发生降水，这决定了人工增雪试验的试验时间。基于对木斯岛冰川降水规律的分析，科研人员确定了人工增雪的发生时间。科研工作人员于 8 月 19 日、22 日和 23 日进行了人工增雪减缓冰川消融试验，大多在午夜 0 时左右进行，此时温度较低，降雪的概率较大。

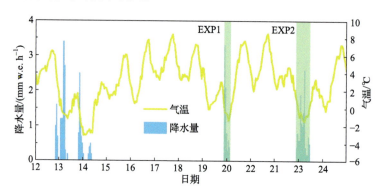

图 5.10   2018 年 8 月 12 日～24 日冰川气象站降水量与气温变化
EXP1 和 EXP2 表示两次人工增雪试验

　　根据气象站记录，当科研人员进行人工增雪时，19 日、20 日、22 日、23 日的降水量分别为 6.2mm w.e.·d^{-1}、1.3mm w.e.·d^{-1}、1.8mm w.e.·d^{-1} 和 10.6mm w.e.·d^{-1}。Marcolli 等(2016)的测量结果表明，使用 AgI 可以有效地在云中增加冰核并促进降雪的发生，但是冰川上的降水时间早于 AgI 点燃的时间，这从侧面说明，在研究工作人员进行人工增雪试验时木斯岛冰川就已经发生了自然降水。在本节试验研究中，点燃烟雾发生器后，木斯岛冰川上的自动气象站记录了显著的降水，点燃 AgI 棒的时间与自动气象站记录的降水时间之间存在一定的关系(图 5.11)。根据气象记录，木斯岛冰川第一次降水开始于 8 月 9 日 20 时左右，工作人员于 21 时点燃地面增雨烟炉，在降水发生的同时工作人员继续使用 AgI 烟雾来增加冰核和促进降雪事件。科研人员使用人工增雪进行实地研究后得出的结论是：在进行人工降水后，很难直接客观地表明有多少人工降水混合在降水总量中(Qiu et al.，2008；Ryan et al.，1997)。该结论同样存在着一些问题，那就是人工增雪试验事件是否与自然降水事件相容。二者如果无法在误差允许的范围内构成相互独立事件，会给未来研究工作带来很大的数据分析困难。

　　为了解决上述问题，科研人员根据不同区域自然降水与人工降水的时空差异性，采用不同气象站的气象资料进行计算，大致得到冰川的人工增雪降雪量。人工增雪 EXP1 试验中，发现距离木斯岛冰川 5km 的草原站不受 AgI 烟雾的影响，这说明人工增雪并没有对 5km 之外的草原区域产生影响，证明草原站记录的降水量

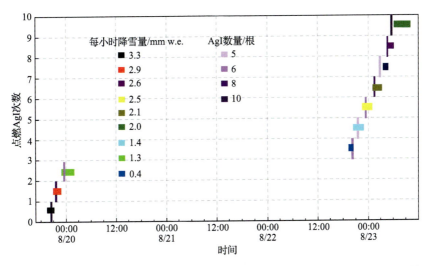

图 5.11　木斯岛冰川气象站记录的每小时降雪量(用颜色表示)和时间(用长度表示)及点燃的 AgI 数量(用颜色表示)和时间(用长度表示)

数据可以使用并作为判断冰川是否有降水事件的标准，以此可以区分自然降水和自动气象站在冰川气象站记录的人工降水。在 8 月 19 日第一次试验期间，雨量计设备系统发生问题，导致气象站降水数据缺失。在第二次试验中，科研人员改进方法，运用自动气象站成功地收集了草地的降水数据，并与冰川气象站降水数据进行对比。

　　图 5.12 为第二次增雪试验(8 月 22、23 日)中草原自动气象站记录的降水量与冰川自动气象站记录的降水量，以及两者的降水量之比。数据表明，两个自动气象站记录的降水不同步。8 月 22 日晚 19:00 和 20:00，冰川自动气象站没有记录到降水；在清晨 6:00 之后，冰川自动气象站有记录，草原自动气象站无记录。针对冰川人工增雪过程中是否有自然降水加入人工增雪过程，科研工作人员假设了两种可能，分别是人工增雪形成没有自然降水的参与和有自然降水的参与。基于第二种假设，草地自动气象站与冰川自动气象站的降水量之比小于 35%，平均值为 21%(图 5.12)，可用于估算自然降水参与试验的程度。为了确定雪在冰川表面的积累量，科研人员运用正弦函数(Möller et al.，2007)表征了温度为 2~4℃时固体和液体转化的过渡(Mölg et al.，2012；Fujita et al.，2000)。研究表明，当空气温度低于 2℃时，会发生固体降水(雪)；温度为 2~4℃时，会发生雨夹雪。在本节试验中，降水发生时的气温均在 2℃以下(图 5.10)，说明两次试验的降水都是固态的。根据草原自动气象站和木斯岛冰川自动气象站的记录，可以大致得出人工增雪对降水事件的作用情况，如图 5.12 所示，两个自动气象站的降水事件在 2018 年 8 月 22 日 23:00 至 23 日 4:00 发生重合，科研工作人员可以根据两者之间的差值算出自然

降水量为 1.94mm，人工降水量为 8.06mm，人工降水对自然降水而言有接近 420% 的贡献率，从这一方面而言，应用人工增雪的方式可以大大增加冰川的物质积累。

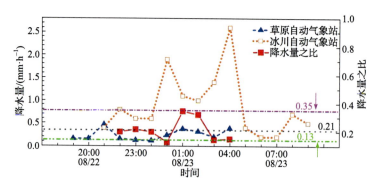

图 5.12   草原和冰川自动气象站的降水量及其比值
绿色、粉色和黑色虚线分别表示降水量之比的下限、上限和平均值

5.3.2   人工增雪对冰川反照率的影响

太阳净短波辐射是影响冰川消融的主要因素之一。当太阳辐射作用于冰川表面时，冰川表面的辐射能量会因反照将吸收的太阳辐射反射给大气。冰川小范围内微小的反照率变化就会产生较大的冰川消融差异，这说明冰川对气候变化的敏感性，反照率变化会影响冰川的水文过程，最终影响冰川的径流调节功能。冰川反照率对降雪有着高度敏感性，一旦降雪，冰川表面迅速变白，反照率增加。图 5.13 为木斯岛冰川人工增雪试验前后不同位置的地表反照率。研究人员利用 ASD 地物光谱仪观测 8 月 18 日、20 日、22 日和 24 日的地物反照率，人工增雪发生在 8 月 19~20 日夜间和 8 月 22~23 日夜间。研究发现，8 月 18~24 日，Ⅰ～Ⅲ观测点的地表反照率变化幅度相对较小，大多在 0.2~0.3 变化；Ⅲ和Ⅵ观测点的反照率变化幅度开始变大，在 0.2~0.5 变化浮动，第一次人工增雪后，该区域的反照率变化并不大，但第二次降雪后反照率大幅提高，8 月 24 日的反照率约为 0.5。在海拔 3250m 以下的区域，地表反照率(Ⅰ～Ⅳ观测点)一般小于 0.4(典型的地表碛冰反照率)，有轻微波动。海拔 3250~3350m 处，观测到显著的反照率变化(Ⅴ～Ⅷ观测点)，为 0.2~0.6。海拔 3350~3400m 处，观察到更显著的反照率变化，为 0.1~0.7，该地区位于冰川平衡线附近，对气温和降雪变化比较敏感。人工增雪经常会使地表冰变雪、雪变冰，发生波动性变化。在远高于物质平衡线的 XIII 和 XIV 观测点，反照率超过了 0.4，高达 0.8，这是因为该地区的冰川表面位于积累区，更易被积雪覆盖。XIII 和 XIV 观测点的反照率略有增加的趋势，表明人工增雪情况下冰川高海拔地区反照率远远大于冰川末端或中部区域。空间上，反照率呈现随海拔升高而增大的趋势，海拔较低区域的反照率一般小于 0.4；随着

海拔升高，反照率逐渐增大，在海拔 3350m 附近的增速最大；高海拔地区的反照率一般大于 0.6。

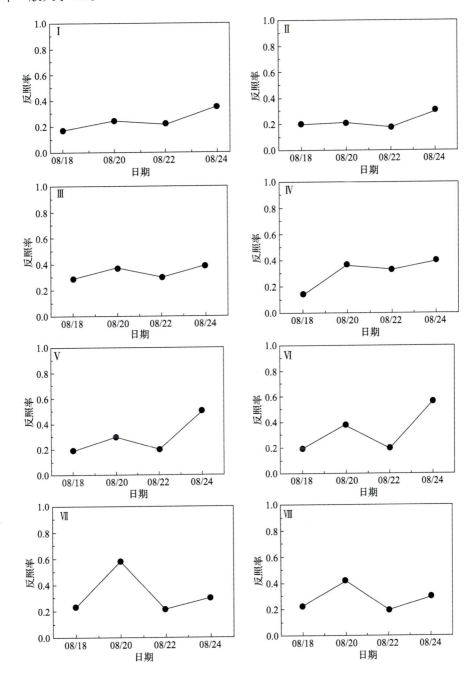

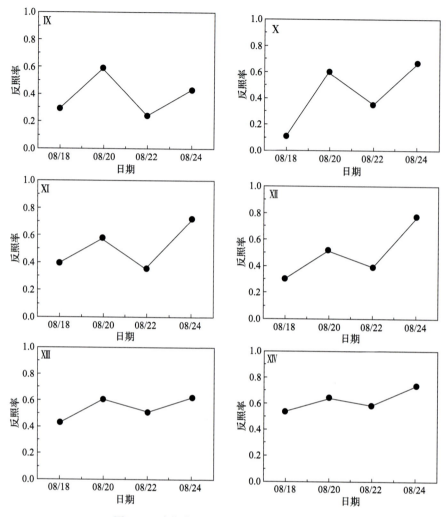

图 5.13　木斯岛冰川反照率观测点的反照率
观测点参照图 5.7

冰川表面反照率对太阳辐射的影响主要受两方面因素的制约：一方面是冰川的表面特征，与表层雪冰的物理属性有关，如表层雪厚度、含量、表面类型、颗粒粒径、粉尘含量、粗糙度、密度等，会影响太阳光线在冰川表层发生散射和吸收的位置与频率，进而影响冰川表面反照率；另一方面是入射短波辐射的特性，与大气或天空状况有关，如云量、云的高度、太阳入射角、大气中水汽和气溶胶的含量等，这些因素会改变入射短波辐射量及光谱分布特征，从而影响冰川表面反照率。

气温和降水是冰川表面特征变化的主要驱动因素。一方面，气温升高直接导致冰川消融加快，使裸冰区面积扩大，积雪区面积减小，由此造成冰川整体反照率减小。由于消融增加，雪冰层内部粉尘更容易在表层富集，冰面颜色加深，反照率进一步减小。另一方面，气温的升高会使积累区粒雪变质速率加快，雪层变薄，含水量、密度、粒径增大，具有高反照率的细粒雪减少，具有低反照率的粗粒雪增加，造成积累区反照率减小。综上所述，温度升高会促进冰川消融，冰川消融造成反照率进一步降低，再次作用于冰川的消融。冰川反照率的变化对降雪十分敏感，一旦有降雪事件发生，会迅速白化冰川表面，大大增加其反照率。综合看来，人工增雪试验大大提高了冰川表面的反照率，冰川末端的反照率观测结果表明，人工增雪对冰川末端反照率的影响远远低于积累区或者更高海拔的区域。消融期冰川反照率的时空分布格局主要由冰川表面特征决定，如积雪、裸冰和粉尘的覆盖比例(岳晓英等，2021)。由于低海拔区温度较高，为冰川消融区，其表面组成以裸冰为主，受冰尘等吸光性物质影响较大，末端的积雪量和粉尘的含量远远高于冰川高海拔区域，反照率较小；随着海拔的升高，气温不断降低，消融强度减弱，表面组成逐渐由裸冰、附加冰向粒雪转换，反照率快速增大，且在冰和雪临界点出现突然增大；随着海拔进一步升高，冰川积累区表面大部分被积雪覆盖，反照率维持在空间差异不大的较高范围内(岳晓英等，2021)。

5.3.3　冰川物质平衡对人工增雪的响应

研究人员分别在 8 月 19 日和 23 日 24:00 左右进行了人工增雪试验，分别在 8 月 12 日、18 日和 24 日于每个点测量 3 次并取算术平均值，获得花杆读数，进一步利用传统的花杆法计算人工增雪对冰川物质平衡的影响，具体计算人工增雪前(8 月 12～18 日)和人工增雪后(8 月 18～24 日)两个时间段花杆测量的物质平衡数据。将木斯岛冰川布设的花杆分为 9 组，每组 2～3 根不等，共 22 根花杆。在海拔 3100～3450m 的区域，每组大多按照海拔 50m 的间隔布设，分为 A～I 组(图 5.7)，对同一组测量的物质平衡进行均值化处理，结果见图 5.14。

在木斯岛冰川末端，即低海拔高度上，物质平衡从 3100m 处的约−400mm w.e.下降到人工增雪后花杆测量的冰川物质平衡约−300mm w.e.。在木斯岛冰川的物质平衡测量中，试验前后的物质平衡差异为 41mm w.e.，原因是人工增雪对冰川进行了一定补给。图 5.12 中自然降水量与人工降水量之比为 0.21，其差值为 32mm w.e.。在人工增雪试验前木斯岛冰川物质平衡为−237mm w.e.的情况下(8 月 12～18 日)，人工增雪产生的物质平衡误差占人工增雪前物质平衡的比例在 14%(有 21%的自然降雪)和 17%(没有自然降雪)之间。

另外，比较 8 月 12～18 日(T1)和 8 月 18～24 日(T2)这两个时期的正积温、降雪量、反照率和物质平衡，见表 5.1。T1 和 T2 这两个时期分别代表人工增雪前后，且时间跨度相同。表 5.1 中的正积温、降雪量和反照率数据都来自冰川物质平衡线附近的自动气象站记录。在 T1 和 T2 期间，用花杆数据对整个冰川测量的物质平

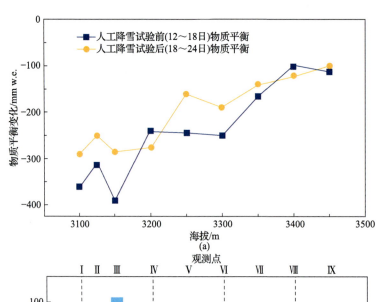

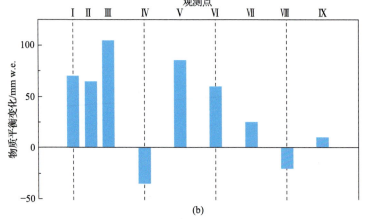

图 5.14　试验前后冰川物质平衡

(a)木斯岛冰川人工增雪试验前后不同海拔物质平衡；(b)不同海拔物质平衡变化

衡进行插值，估计的物质平衡分别为-61.4mm w.e.和-37.2mm w.e.。虽然 T2 时期的正积温高于 T1 时期，但冰川的物质损失比 T1 时期低 40%。降雪增多和人工增雪带来的高反照率式是 T2 期间物质损失较小的原因。一个冰川在平衡线海拔高度(ELA)雪物质的积累近似等于整个冰川雪物质积累的面积平均值(Braithwaite，2008)。可以推测，T2 期间木斯岛冰川的自动气象站测得的降雪量是实施人工增雪试验后整个冰川的平均补给量。除了 T2 期间增加的质量，冰川额外的融化量计算出的物质平衡为-37.2mm w.e.，自动气象站在冰川上测得的雪物质为-19.9mm w.e.。2018 年 8 月 18~24 日，人工增雪可能减少了 53%的冰川消融，计算方法是降雪量除以估计的物质平衡得到的百分比。除去冰川自动气象站测量的 21%的质量(假定是自然降水的贡献)，得到 T2 期间人工增雪试验减少了 42%的冰川消融。

表 5.1　人工增雪试验前后草原自动气象站(AWS2)测量的正积温、降雪量、反照率和物质平衡

时期	正积温/℃	降雪量/mm w.e.	反照率	物质平衡/mm w.e.
T1	17.0	17.4	0.24	−61.4
T2	18.2	19.9	0.33	−37.2

注: T1 时期为试验前 8 月 12～18 日; T2 时期为试验后 8 月 18～24 日。

5.3.4　试验总结

2018 年 8 月 19 日和 22 日，在萨吾尔山的木斯岛冰川使用 AgI 烟雾发生器人工增雪，在目标冰川和控制区分别设置了两个自动气象站。在人工增雪试验前后，分别在沿冰川等高线均匀分布的花杆测量反照率和物质平衡。通过两次试验，该冰川的积雪总量达到约 20mm w.e.；冰川表面的反照率增加，高海拔试验点测量的反照率波动比低海拔试验点大。通过比较两个自动气象站测得的降水量，得出人工增雪占总降雪的 79%以上。将花杆的物质平衡扩展到整个冰川，发现 8 月 12～18 日的物质平衡为−61mm w.e.，8 月 18～24 日的物质平衡为−37mm w.e.。人工增雪增加，反照率增大，使冰川的物质损失减少了约 40%。比较试验前(8 月 12～18 日)和试验后(8 月 18～24 日)的物质平衡，考虑到可能的自然降雪，降雪前后物质平衡的差异在 32～41mm，这表明人工增雪确实增加了冰川的质量，这与试验的初衷是一致的。对整个冰川的物质平衡进行测量，8 月 18～24 日人工增雪显著减少了冰川物质损失的 42%～54%。

该试验证明了当气温低于 2℃时，人工增雪加快雪的形成，增加冰川的物质平衡，进而增加冰川表面反照率。反照率增加会降低地表对太阳辐射的吸收，有利于保存物质，物质反过来又作用于反照率，最终整个过程形成一个正反馈系统。这是基于短期试验获得的初步理论，未来需要进一步的研究来验证。需要注意的是，本节试验基于有降水的大气条件，如果天气干燥晴朗，则无法应用。此外，对于烟雾发生器提升降雪发生的概率和效果，以及自然降水和人工降水的划分，需要更精确的量化，在未来需要进行更多的控制试验。人工增雪试验的成功实施也证明了降雪在减少冰川融化中的作用。环境温度、降雪和云层的形式是冰川积雪物质增加或损失的两个主要因素，其中冰雪侵蚀、能量交换(热动力学)和反照率引起的辐射吸收在物质平衡变化过程中起主要作用。

人工增雪时，运用太阳辐射能点燃 AgI 棒形成云，不使用额外的水，而是在小空间尺度上重新分配当地大气中的天然水。该方法节能和节水，且木斯岛冰川的物质损失减少速率较小，这验证了该方法的有效性，可以应用于更多的亚洲内陆冰川，以减小其快速消融趋势。尤其是在冰川融化剧烈的夏季，在更大范围内应用人工增雪可能会显著减少融化。

参 考 文 献

谢文辉, 2018. 吉木乃县农田水利建设几点建议[J]. 新疆水利, (3): 39-41.

岳晓英, 李忠勤, 王飞腾, 等, 2021. 天山乌鲁木齐河源 1 号冰川消融期反照率特征[J]. 冰川冻土, 43(5): 1412-1423.

BAI C, WANG F, BI Y, et al., 2022. Increased mass loss of glaciers in the Sawir Mountains of Central Asia between 1959 and 2021[J]. Remote Sensing, 14(21): 5406.

BRAITHWAITE R J, 2008. Temperature and precipitation climate at the equilibrium-line altitude of glaciers expressed by the degree-day factor for melting snow[J]. Journal of Glaciology, 54(186): 437-444.

BROCK B W, WILLIS I C, SHARP M J, 2000. Measurement and parameterization of albedo variations at Haut Glacier d'Arolla, Switzerland[J]. Journal of Glaciology, 46(155): 675-688.

DUMONT M, GARDELLE J, SIRGUEY P, et al., 2012. Linking glacier annual mass balance and glacier albedo retrieved from MODIS data[J]. The Cryosphere, 6(6): 1527-1539.

DUMONT M, SIRGUEY P, ARNAUD Y, et al., 2011. Monitoring spatial and temporal variations of surface albedo on Saint Sorlin Glacier (French Alps) using terrestrial photography[J]. The Cryosphere, 5(3): 759-771.

FUJITA K, AGETA Y, 2000. Effect of summer accumulation on glacier mass balance on the Tibetan Plateau revealed by mass-balance model[J]. Journal of Glaciology, 46(153): 244-252.

MARCOLLI C, NAGARE B, WELTI A, et al., 2016. Ice nucleation efficiency of AgI: Review and new insights[J]. Atmospheric Chemistry and Physics, 16(14): 8915-8937.

MÖLG T, MAUSSION F, YANG W, et al., 2012. The footprint of Asian monsoon dynamics in the mass and energy balance of a Tibetan glacier[J]. The Cryosphere, 6(6): 1445-1461.

MÖLLER M, SCHNEIDER C, KILIAN R, 2007. Glacier change and climate forcing in recent decades at Gran Campo Nevado, southernmost Patagonia[J]. Annals of Glaciology, 46: 136-144.

OERLEMANS J, HAAG M, KELLER F, 2017. Slowing down the retreat of the Morteratsch glacier, Switzerland, by artificially produced summer snow: A feasibility study[J]. Climatic Change, 145(1): 189-203.

QIU J, CRESSEY D, 2008. Meteorology: Taming the sky[J]. Nature News, 453(7198): 970-974.

RYAN B F, KING W D, 1997. A critical review of the Australian experience in cloud seeding[J]. Bulletin of the American Meteorological Society, 78(2): 239-254.

SCHAEPMAN-STRUB G, SCHAEPMAN M E, PAINTER T H, et al., 2006. Reflectance quantities in optical remote sensing—Definitions and case studies[J]. Remote Sensing of Environment, 103(1): 27-42.

SHI Y, LIU C, KANG E, 2009. The glacier inventory of China[J]. Annals of Glaciology, 50(53): 1-4.

SIX D, WAGNON P, SICART J E, et al., 2009. Meteorological controls on snow and ice ablation for two contrasting months on Glacier de Saint-Sorlin, France[J]. Annals of Glaciology, 50(50): 66-72.

SKILES S M K, PAINTER T, 2017. Daily evolution in dust and black carbon content, snow grain size, and snow albedo during snowmelt, Rocky Mountains, Colorado[J]. Journal of Glaciology, 63(237): 118-132.

SUN W, QIN X, DU W, et al., 2014. Ablation modeling and surface energy budget in the ablation zone of Laohugou glacier No. 12, western Qilian Mountains, China[J]. Annals of Glaciology, 55(66): 111-120.

TEDESCO M, FETTWEIS X, VAN DEN BROEKE M R, et al., 2011. The role of albedo and accumulation in the 2010 melting record in Greenland[J]. Environmental Research Letters, 6(1): 014005.

WANG L L, LIU C H, KANG X C, et al., 1983. Fundamental features of modern glaciers in the Altay Shan of China[J]. Journal of Glaciology and Geocryology, 5(4): 27-38.

WANG Y Q, ZHAO J, LI Z Q, et al., 2019. Glacier changes in the Sawuer Mountain during 1977—2017 and their response to climate change[J]. Journal of Natural Resources, 34(4): 802-814.

ZHANG Y, GAO T, KANG S, et al., 2020. Effects of black carbon and mineral dust on glacial melting on the Muz Taw Glacier, Central Asia[J]. Science of the Total Environment, 740: 140056.

第6章

其他冰川保护措施

由于成本和交通等因素限制，第 4 章和第 5 章提到的方法目前仅能在小冰川或营利性冰川进行推广应用。一些科学家基于地球工程理论研究，模拟了大范围干预冰川消融的可行性，如向大气注入气溶胶来干涉云层反射率、进行工程建设来增强冰盖稳定性，以及通过修建人工冰库储存冰川水资源，应对冰川径流枯竭危机。本章介绍有关案例。

6.1 冰盖地球工程方案

IPCC 的《全球升温 1.5℃特别报告》再次强调，即使在 21 世纪可以将全球升温限制在 1.5℃内，2100 年之后海平面仍将继续上升(高信度)(IPCC，2018)。即使是小幅的海平面上升，其造成的破坏也将是巨大的。据预测，到 21 世纪中叶，气温上升 2℃将使全球海洋平均上升约 20cm，大多数沿海大城市的海平面将比现在升高 1m 以上。Hinkel 等(2014)在未来多种气候情景下，预测在没有海岸线防护的情况下，每年将有多达 100 万人被迫迁移，1 亿～5 亿人口需要临时性转移安置，这些迁移的人口将会间接影响全世界的大多数人口；同时，海平面上升将造成全球每年高达 50 万亿美元的经济损失，沿海城市和岛屿国家将被破坏。即使在有海岸防护的情况下，每年用于防护的费用预计 200 亿～700 亿美元，每年仍有多达 10 万人被迫迁移。无法承担实施保护和适应措施费用的城市将不得不被放弃，造成社会、经济和环境的严重损失。研究预测，海平面升高 0.5m 将迫使我国广州至少 100 万人口迁移，升高 2m 将影响超过 200 万人口(Jevrejeva et al.，2016)。因此，应对海平面上升是应对气候变化的紧迫任务(赵励耘等，2020)。

针对冰盖的定向地球工程研究旨在增强冰盖稳定性和减缓冰盖物质损失，从源头上减少冰盖对海平面上升的贡献，有望为应对气候变化和保护海岸线争取几百年的时间(赵励耘等，2020)。Moore 等(2018)正式提出了方案设计，给出了增强冰盖稳定性和减缓冰盖物质损失的 3 种途径(图 6.1)：①排干或冻结冰盖底部水来干燥冰床，增强冰盖底部摩擦力，减缓冰流速度；②在海洋中建造人造岛来支撑漂浮的冰架；③在冰架前端建造水下隔离墙，阻止暖水到达冰盖底部，以减缓融化。Moore 等(2018)认为，大规模的冰川地球工程可以使格陵兰岛和南极洲的大部分陆冰延迟几个世纪才能完全消融，从而为解决全球变暖问题赢得时间。

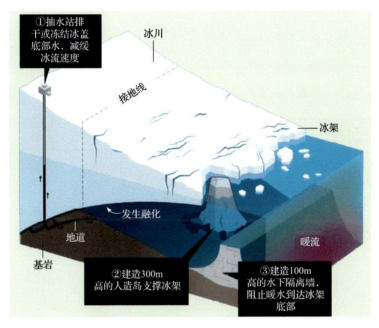

图 6.1　增强冰盖稳定性和减缓冰盖物质损失的 3 种途径(赵励耘等，2020)

　　科学家一致认为，在对冰盖采取任何行动之前，必须对其进行深入研究。地貌、当地生态系统和冰川融化的速度仍是亟须分析的重要问题。此外，如此庞大的项目其成本巨大，尤其是在如此陌生的工作环境中。尽管存在这些缺点，但学者一致认为，相比不作为，积极寻求解决办法是最重要的。国际研究团队正在开展数值模拟和方案设计方面的研究，工程试验和政治法律等方面的研究尚未起步。预计工程试验的难度逐步增加，从室内试验到小尺度的野外试验，再到格陵兰冰盖的入海冰川，最后到南极冰盖的入海冰川。针对冰盖的定向地球工程研究有望成为21 世纪全球变暖领域的一大研究方向。

6.2　极地局部地表反照率控制方案　◀◀◀

　　美国斯坦福大学的 Field 发起了一项证明可以利用技术恢复北极冰层的计划，

即 Ice 911。提议在北极冰层上散布数百万个微小的玻璃气泡，这些玻璃气泡会反射阳光，减缓夏季的冰融化过程，试验结果显示可将融化时间推迟约 5d。这样，冰可以保存下来，并随着时间的推移转化为高反射率的多年海冰。气候模型表明，这种方法可以显著冷却北极，并且可以增大北极冰面积和体积，从而减缓北极和全球气温上升。该项目的支持者将该项目推销为一种"软地球工程"形式，声称与其他技术相比这种技术的破坏性更小、更有效。Field 等(2018)已经在加拿大北极地区进行了材料覆盖试点研究(图 6.2)，其小尺度的反照率特性已被用于全球气候模型，模拟北极平均海冰反照率，增加了 10%～15%。通过研究 Ice 911 地球工程提案对北极海冰面积、体积和表面温度的影响，可以确定它们对消融季海冰面积产生的影响。

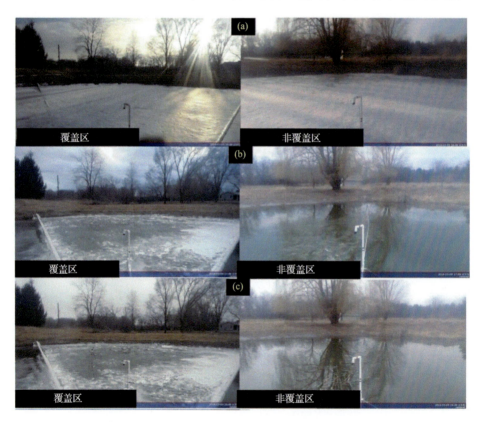

图 6.2   湖面材料覆盖区(左)与非覆盖区(右)消融变化(Field et al.，2018)
(a) 2016 年 3 月 3 日开始试验，覆盖区和非覆盖区湖面的冰还未融化；(b) 试验第 5 天，覆盖区湖面冰融化了一半，非覆盖区仅存部分冰；(c) 试验第 6 天，覆盖区湖面仍然存在大部分冰，非覆盖区湖面冰全部融化

根据 Field 等(2018)的模拟试验结果，数值模拟试验得到冰面积增加最显著的时期是夏季消融期，可以将海冰密度增大 100%左右。数值变化如此之大，主要是因为与较厚的多年海冰相比，较薄的海冰(如较年轻或正在融化的海冰)反照率较

小，预计反照率增大对其影响最大。海冰密度的季节性变化证实了这一结果，冬季海冰边缘的海冰密度略有增加，尤其是在巴伦支海，夏季北极边缘各地的海冰密度大幅增加 20%以上。在模拟反照率增大的情况下，北极冰厚度分布的冬/夏季平均状态是：加拿大群岛的冰层大规模增厚，从 20cm 到 1m 不等；夏季的影响更大，北极中部的冰层增厚了 20～50cm，冰层厚度大于 1.5m。

6.3　平流层硫酸盐气溶胶注入方案

Zhao 等(2017)根据地球工程模式比较计划(Geoengineering Model Intercomparison Project，GeoMIP)G3(在 RCP4.5 情景下，增加平流层硫酸盐气溶胶或者向平流层注入 SO_2，将大气层顶的净辐射强迫稳定在 2020 年的强度，2070 年后停止向平流层注入气溶胶)和 G4(从 2020 年起，在 RCP4.5 情景下向平流层每年注入 5Tg SO_2，2070 年后停止向平流层注入气溶胶)情景下地球系统模式气候模拟的预估结果，预测高亚洲高海拔冰川的面积和体积变化。

根据 Zhao 等(2017)的模拟结果，2020～2069 年，冰川体积损失率从小到大依次为 G3、G4、RCP4.5、RCP8.5。这说明 G3 和 G4 地球工程方案有助于减少冰川物质损失，并且 G3 比 G4 更有助于减少冰川物质损失，这主要是因为 G3 情景下的温度冷却效应更强。2069 年平流层终止注入气溶胶后，G3 情景下的体积损失率明显增加。对比实施地球工程的最后 15a(2055～2069 年)与终止后的 15a(2070～2084 年)，所有冰川的年平均体积损失率(以 2010 年的体积为基准)从 0.17%增加到 1.11%，高于 RCP4.5 情景下的年平均体积损失率 0.54%和 RCP8.5 情景下的年平均体积损失率 0.66%。在实施地球工程后的 2070～2089 年，G3、G4 情景下的冰川体积损失率均大于 RCP4.5 或 RCP8.5 情景。到 2070 年，两种 RCP 情景下剩余的冰川冰量都远少于 G4 情景和 G3 情景，尤其是 G3 情景。可以预测，在 G3、G4、RCP4.5 和 RCP8.5 情景下，2010 年仍有 53%、41%、27%和 14%的面积可以保留到 2089 年(Zhao et al.，2017)。简而言之，在 G3 情景下，地球工程终止后，相应的冰川年平均体积损失率从 0.17%增加到 1.11%，大于 RCP8.5 情景下的年平均体积损失率 0.66%。

6.4　修建人工冰库储存冰川水资源

全球气候变化对冰川的影响日益显著，导致冰川融化速度加快、冰川面积减少和水资源供应不稳定等问题。这些变化对于依赖冰川融水的地区，特别是亚洲高山地区，产生了严重影响。为了有效应对这一挑战，修建人工冰库已成为一种备受关注的措施，旨在保护和合理利用冰川水资源(Nüsser et al., 2019; Sharma, 2019)。人工冰库通过储存冰川融水来延长水资源的利用周期。这些冰库可以在冰川融水量过剩时收集并储存水资源，在需要时释放水资源以应对干旱期间的水资源短缺。这种措施有望应对季节性水资源供应的变化，提供稳定的水源，以支持当地社区的生活和农业需求。据报道，亚洲地区已经出现了一些成功的案例，证明修建人工冰库对当地农业有一定的益处。例如，在印度、尼泊尔等国家，一些地方政府和社区已经采取行动，修建人工冰库以缓解水资源短缺。这些冰库不仅改善了农田的灌溉条件，还提供了稳定的水源，使农民能够更好地应对干旱和水资源短缺的情况，从而提高了农作物的产量和质量。

拉达克地区有修建人工冰库的成功案例。该地区长期以来饱受季节性水资源短缺的困扰，土地利用高度依赖水资源，灌溉和家庭用水短缺一直是人们面临的主要挑战(Nüsser et al., 2016)。受低温和季节性积雪变化的影响(Mukhopadhyay et al., 2015)，在农业季节开始的约两个月内常出现水资源短缺情况，直到高海拔的冰川融水释放，提供足够的水源(Schmidt et al., 2017)。当地人民在远低于冰川海拔高度处修建了人工冰库(Norphel et al., 2015)，见图 6.3。通过提前收集和储存农业季节初期就开始融化的冰水，填补了这一关键时间段的水资源供应缺口。1980 年以来，拉达克地区中部的多条支流上陆续建造了此类人工冰库。根据公开的冰储量测量数据，这些人工冰库的冰储量在 $17000 \sim 23500 m^3$ (Norphel et al., 2015; Bagla, 1998)。建设和管理人工冰库成为应对气候变化和水资源短缺的一项重要举措，为当地提供了可持续的水资源支持，为农业和家庭生活提供了稳定的水源供应。

人工冰库是一种适合当地的技术，有助于缓解季节性水资源短缺，在关键时刻发挥作用。对拉达克地区的村民进行访谈和实地调查，显示修建人工冰库带来了明显的好处，如促进了马铃薯等经济作物和树木种植，因此需要建设更多的人工冰库。对该地区水资源管理进行全面理解需要综合考虑多个方面，这包括现有的水资源共享安排、农业和更具收益性的非农业之间的竞争，以及缺乏维护灌溉基础设施所需的资金(Nüsser et al., 2019)。这些因素对于可持续土地利用至关重要，因此需要在研究评估和规划中充分予以考虑。

综合来看，虽然气候变化预计会对依赖冰川融水的干旱地区农业产生巨大影响，但作为应对气候变化适应性策略的人工冰库的实际效用仍有待商榷，这主要源于气候变化的多样性、自然灾害及当地社会经济环境的不完全整合，这些因素显著削弱了人工冰库的效果。此外，人工冰库的水量较小，通常在一至几千立方米，相应的释放量也较少。因此，人工冰库尽管在局部地区对于储存水资源具有价值，但尚不具备高度可推广性。

图 6.3　人工冰库实景图(Norphel et al.，2015)

参　考　文　献

赵励耘, MOORE J C, MIKE W, 2020. 针对冰盖的定向地球工程研究[J]. 气候变化研究进展, 16(5): 564-569.

BAGLA P, 1998. Artificial glaciers to help farmers[J]. Science, 282: 619-6619.

DAME J, NÜSSER M, 2011. Food security in high mountain regions: Agricultural production and the impact of food subsidies in Ladakh, Northern India[J]. Food Security, 3: 179-194.

FIELD L, IVANOVA D, BHATTACHARYYA S, et al., 2018. Increasing Arctic sea ice albedo using localized reversible geoengineering[J]. Earth's Future, 6(6): 882-901.

HINKEL J, LINCKE D, VAFEIDIS A T, et al., 2014. Coastal flood damage and adaptation costs under 21st century sea-level rise[J]. Proceedings of the National Academy of Sciences, 111(9): 3292-3297.

IPCC, 2018. Special Report on Global Warming of 1.5℃[M]. Cambridge: Cambridge University Press.

JEVREJEVA S, JACKSON L P, RIVA R E M, et al., 2016. Coastal sea level rise with warming above 2℃[J]. Proceedings of the National Academy of Sciences, 113(47): 13342-13347.

MOORE J C, GLADSTONE R, ZWINGER T, et al., 2018. Geoengineer polar glaciers to slow sea-level rise[J]. Nature, 555(7696): 303-305.

MUKHOPADHYAY B, KHAN A, 2015. A reevaluation of the snowmelt and glacial melt in river flows within Upper

Indus Basin and its significance in a changing climate[J]. Journal of Hydrology, 527: 119-132.

NORPHEL C, TASHI P, 2015. Snow water harvesting in the cold desert in Ladakh: an introduction to artificial glacier[M]//NIBANUPUDI H K, SHAW R. Mountain Hazards and Disaster Risk Reduction. Tokyo: Springer.

NÜSSER M, BAGHEL R, 2016. Local knowledge and global concerns: Artificial glaciers as a focus of environmental knowledge and development interventions[M]//MEUSBURGER P, FREYTAG T, SUARSANA L. Ethnic and Cultural Dimensions of Knowledge. Cham: Springer.

NÜSSER M, DAME J, KRAUS B, et al., 2019. Socio-hydrology of "artificial glaciers" in Ladakh, India: Assessing adaptive strategies in a changing cryosphere[J]. Regional Environmental Change, 19: 1327-1337.

SCHMIDT S, NÜSSER M, 2017. Changes of high altitude glaciers in the Trans-Himalaya of Ladakh over the past five decades (1969—2016)[J]. Geosciences, 7(2): 27.

SHARMA A, 2019. Giving water its place: Artificial glaciers and the politics of place in a high-altitude himalayan village[J]. Water Alternatives, 12: 993-1016.

ZHAO L, YANG Y, CHENG W, et al., 2017. Glacier evolution in high-mountain Asia under stratospheric sulfate aerosol injection geoengineering[J]. Atmospheric Chemistry and Physics, 17(11): 6547-6564.

第 7 章

冰川保护的展望

本书梳理了国内外相关试验内容与案例，研究评估了其减缓冰川消融的效果，分析讨论了技术的应用。国内外学者肯定了人工覆盖和人工增雪对冰川的保护效率优于其他技术方法，主要是因为节能减排和其他人工措施需要依赖大量的人力物力，且工作周期较长。人工增雪节能和节水，具有合理的物质损失减少效率，学者在新疆木斯岛冰川、瑞士 Vadret da Morteratsch 冰川验证了其有效性，适用于更多的亚洲内陆冰川。应用人工覆盖措施减缓冰川消融，具有 35%～50% 的保护效果和较低廉的成本，适用于消融剧烈的营利性冰川或冰川公园。从模拟结果来看，某些地球工程在大规模干预气候变暖减缓冰川消融方面保护效果较好，然而在实践方面存在不可预估的不确定性。

在当前紧迫的气候变化驱动的冰川消融应对措施中，与减少温室气体排放相比，寻求大规模拯救冰川的技术解决方案并非优先事项。减少温室气体排放几乎是有效控制未来大气变暖从而降低全球冰川物质损失的唯一途径。基于此，需要统筹和加强应对气候变化与生态环境保护相关工作，将应对气候变化与温室气体减排作为减缓冰川融化的首要措施。针对全球变暖，我国实施积极应对气候变化的战略，努力实现碳达峰、碳中和目标。即便如此，全球变暖背景下的冰川加速消融趋势在短期内仍难以缓解，在此期间须加强对人工措施减缓冰川消融的试验研究，借鉴国内外冰川保护经验，将微观减缓冰川消融的措施与理论上的大规模应用明确分开。

未来气候变化还具有不确定性，关于人工干预冰川消融的方法还需要进行深入探讨与研究。在此，提出如下几条对策，以期增强我国应对冰川消融的能力。

(1) 国家级政策和计划。一些国家出台了专门的政策和计划，以适应冰川变化和气候影响，这包括制定水资源管理法规、支持可持续能源发展和生态保护的政策。通过修建山区地上(甚至地下)水库，以取代冰川这一天然"固体水库"，对下游河水量进行调节；设立冰川保护区，减少人类活动，包括限制放牧、修路、建设等，可以减少风尘物质在冰川上的沉降对冰川反照率的影响，从而减少消融。更为重要的是加强水资源管理，确保冰川融水得到合理分配和利用。

(2) 组建以科研院所+地方政府为主体的冰川保护联合中心。为促进理论研究和产业化的结合，组建以科研院所+地方政府为主体的冰川保护科技创新与服务联合中心，以期研发出适合我国冰川保护的一体化解决方案。加强冰雪科学的基础研究，提升技术支撑水平；加大对冰雪专业相关科研院所和高校的支持力度，以基础研究带动应用研究。同时，与相关部门协商，设立科技专项，稳定支持、吸引多学科高端人才，组织专业团队开展冰川保护专项研究，以期取得重大突破。

(3) 加大重点冰川区的人工干预力度。通过人工增加固态降水，提高冰川反照率，增加冰川积累，从而达到保护冰川的目的。基于此，要加强人工增雪基础设施的建设，以实际行动巩固试验成果。在西北干旱区，可以加强无人机人工增雪补冰工作，在夏季消融期适时开展多架次增雪，以满足高原增雪补冰与生态保护的迫切需求，对保障高原农牧区生产生活、应对气候变化具有重要意义。国外对于一些具有高旅游价值的冰川，已实施在冰川表面铺设覆盖物(起到隔热反光的作用)等工程措施加以保护。

(4) 及时布设观测系统，提高监测预警能力。在现有监测网络基础上，完善监测地点布局，优化监测设备和数据采集系统，提高地面监测能力。发展自主遥感和空基监测手段，研发和搭载冰冻圈卫星遥感传感器，同时研发和应用航空监测技术，提升空天监测能力。提高数据传输和数据库应用能力，发展并建立地面监测数据传输系统，建立遥感和航空监测数据融合系统；通过大数据和云计算等新技术的应用，加速研发数据产品，达到数据共享，提高对冰川物理学过程和模拟预测研究支持的效率，为冰川保护工作奠定坚实基础。